診療現場ですぐ役立つ！

# 犬と猫の
# 輸液

著　田村 純・長久保 大

学窓社

# はじめに

はじめまして，著者の田村と申します．

多くの獣医師にとって輸液療法は身近で最も多く経験する獣医療行為の一つだと思います．犬猫でも2013年に米国動物病院協会/米国猫獣医師協会(AAHA/AAFP)による輸液ガイドラインが公開，2024年にアップデートされました（英語版は無料でダウンロード可，https://www.aaha.org/resources/2024-aaha-fluid-therapy-guidelines-for-dogs-and-cats/〈2025-1-23参照〉）．にもかかわらず，国内では輸液の基本を学ぶ機会が十分ではないのが現状です．

輸液療法の考え方は直近20年で大きく変化しました．かつては「輸液は無害であり，予防的に多めに投与しても問題はない」という考えのもと，末梢浮腫や肺水腫を生じない範疇で積極的な輸液が行われてきました．しかし，予防的な多めの輸液による過剰輸液は様々な合併症を引き起こすことが明らかとなるとともに制限輸液が注目されるようになりました．制限輸液の目的は「過剰輸液の制限」ということでしたが，現在では行き過ぎた制限輸液が本来必要な輸液の制限に繋がり，新たな合併症を生じる場面も散見されます．

このような変遷を経ても，輸液療法の本質は「体内で不足している水分や電解質を補う」ことであり，これは昔も今も変わらない基本です．輸液療法を簡潔に言えば，足りない水分や電解質を把握し，適切な薬剤（輸液製剤）を選び，適切な量を補充することに尽きます．そのためには，輸液療法に関する基礎的な理解が不可欠です．本書はその基礎をできるだけ平易に学べるように意識して執筆しました．臨床現場で遭遇する輸液の世界はさらに奥深く，著者自身も「どのような輸液療法が最適か」を症例ごとに考え続けています．

本書を通じて，輸液療法の基礎を学び，臨床現場で上手に応用していただければ幸いです．そして，基礎を学んだ上で輸液療法について考え続けることで，犬猫の輸液療法における知識や経験が今後もアップデートされていくことを期待しています．

2025年1月

田村　純

輸液は動物病院において一般的に行われている治療の一つですが，輸液治療について自信があるという先生は意外と少ないのではないかと思います．

　心臓や腎臓に問題のない動物では，なんとなくの輸液でも何とかなってしまうこともあることが，輸液についての理解を深めることの妨げの一つになっているかもしれません．ただし，そのような漫然とした輸液は，時に動物の病態を悪化させてしまうこともあります．特に心疾患や腎疾患がある症例や，クリティカルケアが必要な急性期の症例では，輸液治療が症例の予後を左右します．症例ごとに適した輸液を行うために，輸液に関する知識をしっかりと身につけましょう．

　輸液について考える際には，水分量の調整のみならず，電解質や酸塩基平衡に関する知識も必須となります．水分量の調整だけでも難しいのに，電解質や酸塩基平衡，さらにはそれらの調整に関わる内分泌の知識も必要となることも，輸液を理解するための一つのハードルとなります．本書は輸液による水分調節と電解質，酸塩基平衡について，包括的に学べる構成になっており，輸液の初学者の方でも基礎から学びやすい内容になっていると思います．

　輸液を行う際には，輸液を行う目的(ゴール)を考えます．輸液のスタート地点からゴールに向かって輸液治療を進めるわけですが，多くの場合は一直線でゴールに向かうことは難しく，また最初から一直線にゴールに向かっていく必要もありません．途中途中で随時モニタリングを行い，治療の進行方向の軌道を修正し，最終的にゴールに辿り着くことが大事です．ゴールと反対方向に向かってないことだけは確実にチェックしながら治療を進めましょう．もう一つ大事なことは，適切なゴールを設定するためには，輸液を行う目的の疾患の病態を理解することです．本書の後半では，特に輸液が重要となる代表的な疾患についての病態ごとの輸液について解説しています．この疾患ではなぜこの輸液を行うのかを病態と絡めて読み進めてみてください．

2025年1月<br>
長久保　大

# 目次

## 1章 輸液を知ろう ... 12
1. 輸液療法を行う代表的な状況 ... 12
   - Case 1　ショック状態の犬に対する蘇生輸液対応 ... 12
   - Case 2　腎後性腎不全疑いの猫の初期輸液対応 ... 14
   - Case 3　食事が取れない場合 ... 15
2. 輸液に用いる道具 ... 17
   - 輸液の準備 ... 17
   - **コラム** コアリング ... 20
   - 末梢静脈ラインの確保 ... 20
   - **コラム** 針のサイズ ... 22
   - 輸液速度の調節（自然滴下の場合） ... 22
   - **コラム** 輸液の流れやすさ ... 23
   - 輸液ポンプ ... 23
   - **コラム** 輸血ポンプ ... 25
   - シリンジポンプ ... 26
   - 輸液量設定が多い場合 ... 27
   - **コラム** 輸液バッグのゴム栓 ... 28
   - **コラム** 輸液バッグへの油性マーカーペン使用 ... 28
   - **コラム** 輸液バッグの膨らみ ... 29

## 2章 体液と代表的な輸液製剤の組成 ... 30
1. 体液の分布 ... 30
2. 代表的な輸液製剤の種類と組成 ... 31
   - 生理食塩水 ... 31
   - リンゲル液 ... 32
   - 乳酸リンゲル液, 酢酸リンゲル液 ... 32
   - 1号液 ... 33
   - 3号液（維持液） ... 33
   - 5％ブドウ糖液 ... 34
   - **コラム** 生理食塩液とリンゲル液 ... 35
   - **コラム** アルカリ化剤加のリンゲル液の発展 ... 35

コラム **輸血用血液製剤との混注** ……… 36
3. 各種輸液製剤の生体内における分布 ……… 36
　　　脱水 ……… 36
　　　浮腫 ……… 40
　　　実際の例 ……… 40

## 3章　浸透圧と張度 ……… 44

1. 浸透圧 ……… 44
　　　浸透圧とは ……… 44
　　　浸透圧の計算 ……… 44
　　　血漿浸透圧の実測値と計算値の違い ……… 44
2. 張度 ……… 45
　　　張度とは ……… 45
　　　張度（有効血漿浸透圧）の推定式 ……… 45
　　　輸液製剤の張度（等張液・低張液・高張液）……… 46
　　　等張電解質輸液・低張電解質輸液・高張電解質輸液 ……… 46

## 4章　膠質浸透圧と血管内外の水の移動 ……… 50

1. 膠質浸透圧とグリコカリックス ……… 50
　　　コラム **グリコカリックスの構造と機能** ……… 52

## 5章　酸塩基平衡 ……… 54

1. 総論 ……… 54
　　　酸塩基平衡障害とは ……… 54
　　　アシドーシスとアルカローシス ……… 54
　　　コラム **pHとは** ……… 55
　　　呼吸性因子と代謝性因子 ……… 56
2. 従来法による病態解析 ……… 57
　　　呼吸性アシドーシスと呼吸性アルカローシス ……… 57
　　　代謝性アシドーシスと代謝性アルカローシス ……… 57
　　　コラム **乳酸と乳酸イオン** ……… 58

代償反応の判断基準 ........... 59
　　　代謝性アシドーシスの病態解析 ........... 60
　　　代謝性アルカローシスの病態解析 ........... 63
　3. Stewart approachによる病態解析 ........... 63
　　　Stewart approachと従来法の違い ........... 63
　　　高乳酸血症と乳酸アシドーシス ........... 69
　　　コラム 嫌気代謝における乳酸の役割 ........... 70

# 6章 電解質と輸液 ........... 72

　1. 電解質異常の輸液 ........... 72
　2. 高Na血症 ........... 72
　　　定義 ........... 72
　　　臨床所見 ........... 72
　　　鑑別 ........... 72
　　　治療 ........... 74
　3. 低Na血症 ........... 76
　　　定義 ........... 76
　　　臨床所見 ........... 77
　　　鑑別 ........... 77
　　　治療 ........... 78
　　　コラム 3％食塩水 ........... 80
　　　コラム バソプレシン ........... 81
　4. 高K血症 ........... 81
　　　定義 ........... 81
　　　臨床所見 ........... 82
　　　鑑別 ........... 82
　　　治療 ........... 84
　5. 低K血症 ........... 86
　　　定義 ........... 86
　　　臨床所見 ........... 86
　　　鑑別 ........... 87

治療　89
　　　コラム 低K血症と肝性脳症　91

## 7章　ショックと循環評価　92

1. ショック　92
　　分類　92
　　循環血液量減少性ショック　94
　　血液分布異常性ショック　96
　　　コラム 輸液の投与速度　97
　　人工コロイド液（人工膠質液）　98
　　新鮮凍結血漿・アルブミン製剤　99
　　循環作動薬　99
　　　コラム γ（ガンマ）計算　101
　　　コラム 前負荷・後負荷　102
　　　コラム ノルアドレナリン投与による前負荷の変化　104
2. ショック時のモニタリング　105
　　乳酸値　106
3. 超音波検査による循環の評価　107
　　　コラム 輸液反応性・輸液必要性・輸液忍容性　112

## 8章　代表的なシチュエーションごとの輸液　116

1. 周術期の対応　116
　　術前の輸液管理　116
　　術中の輸液管理　118
　　術後の輸液管理　122
　　　コラム サードスペースとは　125
　　　コラム 周術期輸液と浮腫　125
　　術後の栄養管理　126
2. うっ血性心不全への対応　127
　　うっ血性心不全の病態　128
　　循環管理　128

輸液製剤の選択............129
　　　投与経路と投与量............130
　　　電解質異常への対応............130
3. 急性腎障害への対応............132
　　　腎低灌流............132
　　　多尿期............134
　　　腎静脈のうっ血............135
　　　尿管閉塞............136
　　　閉塞後利尿............136
　　　利尿薬（ループ利尿薬）............137
　　　透析............138
　　　コラム **慢性腎不全と皮下輸液**............138
4. 頭蓋内圧亢進への対応............139
　　　頭蓋内圧に関わる因子............139
　　　輸液製剤の選択............142
　　　輸液量............143
　　　輸液・投薬による頭蓋内圧低下治療............143
　　　コラム **マンニトールの結晶化**............145
　　　コラム **リバウンド現象**............146
5. 高血糖緊急症への対応............146
　　　定義............146
　　　治療............147

## 9章　栄養輸液............152

1. 総論............152
　　　そもそも栄養とは何か？............152
　　　コラム **ブドウ糖添加による栄養補給は可能か？**............153
　　　栄養輸液の概要............154
　　　中心静脈栄養と末梢静脈栄養............154
　　　栄養輸液の浸透圧比............154
　　　健常犬猫の栄養必要量の概要............155

9

　　　　　三大栄養素の輸液製剤............158
2. 完全補助を目的とした栄養輸液の実際............158
　　　　　計算例............158
　　　　　高カロリー輸液用キット............160
　　　　　完全静脈栄養の適応............160
3. 部分補助を目的とした栄養輸液の実際............161
　　　　　計算例............161
　　　　　部分静脈栄養の適応............162
4. 栄養輸液の注意点............163
　　　　コラム **リピッドレスキュー**............163
　　　　コラム **リフィーディング症候群**............164
　　　　コラム **栄養輸液の混合**............164

索引............166

# 1章 輸液を知ろう

## 1. 輸液療法を行う代表的な状況

　臨床で適切な輸液療法を選択できるようになるためには，現場のイメージをつかむことが重要です．ここでは例として輸液を行う代表的なシチュエーションを示します．どんな状況で，どういう目的で，どの輸液製剤を使用しているのか，など様々な疑問が浮かんでくるはずです．後のページの中で細かく説明していきますので，ここでは最初に大まかなイメージをつかむことを目標としましょう．

### Case 1　ショック状態の犬に対する蘇生輸液対応

　小動物臨床獣医師として勤務を始めると，ぐったりとした急患症例を担当する場面があります．例えば次のような状態の犬に遭遇した時に，どのように初期対応をするかをイメージしながら読んでいきましょう．

**症例情報**
- 犬，ゴールデン・レトリーバー，10歳齢，去勢雄
- 今朝も元気に散歩したが，食事後に虚脱して立ち上がれなくなった．

**身体検査所見**
- 意識レベル低下，触ると頭を動かす程度
- 体重 30 kg
- 体温37.2 ℃，心拍数 160回/分，呼吸数50回/分，平均血圧55 mmHg
- 可視粘膜蒼白，大腿脈および足背動脈圧が弱く触知された．

**診療の流れ**
　ベテランの獣医師ならほぼ同時に検査と処置を進めていくのでしょうが，慣れないうちは命に関わる問題から優先順位をつけて対応していく必要があります．ここで最も致命的な問題となるのは重度の循環不全徴候（意識レベ

ル低下，心拍数上昇，低血圧，可視粘膜蒼白，脈圧が弱い），すなわちショック状態です．血液検査や画像検査などの原因精査も重要ですが，まずはショック状態への対症療法を迅速に行う必要があります．

①まず実施するべきは静脈ライン確保です．静脈ライン確保時に採血を行い，血液検査を行うと，その後の診断が円滑に進みます．とはいえ最優先はライン確保です．この際の静脈ラインは可能な限り太い留置針を用いて確保しましょう．

②次に行うべきは静脈ラインを介した蘇生輸液の開始です．使用する輸液製剤は**細胞外液**です．代表的な輸液製剤として生理食塩液，乳酸リンゲル液，酢酸リンゲル液などがあります．輸液速度は最低でも10 mL/kgを5〜10分で投与することを目標とします．大型犬の場合，まずは輸液ポンプを最大速度に設定して開始しても良いかもしれません．超大型犬で輸液ポンプの最大速度が不足する場合は，手動でのボーラス投与や複数の輸液ポンプを用いた投与が必要となります．

③蘇生輸液を行いながら5〜10分おきにバイタルチェックを行います．ドブタミン，ドパミンなどの強心薬やノルアドレナリンなどの血管収縮薬を併用してショックからの離脱を図ることもありますが，最初に開始するのは静脈輸液です．原因追求のための血液検査や画像検査は輸液を行いながら進めていきましょう．

　今回はシグナルメントや稟告の段階で，胃拡張・胃捻転症候群による分布異常性ショックや肝臓・脾臓腫瘍からの急性出血性ショックが疑われる症例で来院時の蘇生輸液が重要な病態です．また子宮蓄膿症などの病態においても，ショック状態で来院した場合は同様の対応を行います．重度の心疾患を疑う稟告がある場合は，蘇生輸液を開始する前に心臓超音波検査を実施した方が良いかもしれません．

　以上でCase 1は終了です．
- 細胞外液とは何か？
- なぜ細胞外液を選択するのか？
- 生理食塩液，乳酸リンゲル液，酢酸リンゲル液の違いは何か？
- 膠質液は使用しないのか？

- 蘇生輸液はいつまで続けるのか？

　など様々な疑問があると思いますが，この後に解説してきますので，まずは「ショックの時は細胞外液という輸液製剤を使って蘇生輸液を行うんだな」というイメージを持つようにしてください．

## Case 2　腎後性腎不全疑いの猫の初期輸液対応

　Case 1で学んだように，ショック状態の症例に対する初期対応では犬猫ともに静脈ライン確保と細胞外液による蘇生輸液を開始するのが基本となります．一方で，疑われる疾患によっては他の輸液製剤を選択する方が適切な場合があります．例えば猫に多い腎後性腎不全疑いの急患症例の場合です．

### 症例情報
- 猫，雑種，5歳齢，雄
- 昨日から頻繁にトイレに行っているが，尿がほとんど出ていない様子
- 今朝から元気食欲消失，頻回嘔吐

### 身体検査所見
- 意識レベル軽度低下，触ると怒る．
- 体重 3.5 kg
- 体温37.8℃，心拍数 100回/分，呼吸数60回/分，平均血圧70 mmHg
- 皮膚をつまんだあと，手を離しても元に戻りづらい．
- 可視粘膜ピンク色，大腿脈および足背動脈圧正常
- 下腹部に緊満した膀胱を触知

### 診療の流れ

　尿道閉塞などに伴う腎後性腎不全を第一に疑う状態です．皮膚ツルゴール反応から嘔吐による脱水も疑われますが，それよりも致命的な病態として高K血症を併発している危険性があります．高K血症が除外されるまでKの投与は行うべきではありません．脱水の補正にはある程度のNaと水投与が必要ですが，腎不全を考慮すると過剰なNa負荷も避けたい状態です．

　この場合は**1号液（開始液）**の投与を行います．脱水はありますが，ショック徴候はないので，腎後性腎不全の解除までの投与速度は5 mL/kg/h程度が無難です．輸液による脱水補正と希釈を行いつつ，急ぎ高K血症の有無を

診断しましょう．血液検査を行いながら，心電図確認を行うことが一般的です．

　今回はシグナルメントや稟告の段階で，尿道閉塞に伴う腎後性腎不全が強く疑われ，高K血症が緊急度の高い懸念点です．1号液による静脈輸液を開始しつつ，高K血症確認し，必要に応じて対症療法を行います．尿道閉塞と診断された場合は輸液療法と平行して，迅速な閉塞解除処置や膀胱穿刺を行う必要性があることは言うまでもありません．また，高K血症が存在する場合，尿道閉塞の診断と閉塞解除よりも高K血症への対応優先順位は高いです．そもそも，本症例は心拍数が低い時点で高K血症の存在が強く疑われます．

　以上でCase 2は終了です．
- 1号液とは何か？
- 乳酸リンゲル液と1号液の違いは何か？

など気になる点はあると思いますが，高K血症を伴う腎後性腎不全が疑われる場合は輸液製剤中のKやNa濃度を考えながら輸液を開始するというイメージを持ってください．余談ですが，尿道閉塞解除後は一時的な過剰利尿が生じることがあります．この場合には尿量を考慮した十分量の細胞外液投与を行わなければ，循環血液量を維持できずショック状態に陥ります．

## Case 3　食事が取れない場合

　次は手術翌日に飲食ができていない犬の輸液です．Case 1, 2とは異なり，どこの動物病院でもよく遭遇する入院症例です．

### 症例情報
- 犬，トイ・プードル，15歳齢，避妊雌
- 胆嚢粘液嚢腫のため，2日前に胆嚢摘出術を実施

### 身体検査所見
- 意識レベル正常，自力で散歩も可能
- 術後から飲食する様子がみられない．
- 引き続き数日間は入院予定
- 体重 5 kg

- 体温37.8℃, 心拍数120回/分, 呼吸数20回/分, 平均血圧85 mmHg
- 可視粘膜ピンク色, 大腿脈および足背動脈圧正常
- 血液検査：肝臓パネル以外に異常値なし
- 投与薬剤：セファゾリン, ブプレノルフィン, カルプロフェン

### 診療の流れ

　症例は術後の倦怠感の影響か，数日間の入院予定ではあるものの飲食をする様子がみられません．術中や手術直後は細胞外液を使用していることが多いですが，入院期間中にずっと続けることは不適当です．

　血圧や心拍数などの循環が安定している場合は**3号液（維持液）**を選択します．嘔吐や下痢などの症状がなければ維持量である2～3 mL/kg/h程度の輸液速度が無難です．

　ここでは，
- 3号液とは何か？
- なぜ細胞外液から3号液に切り替えるのか？
- 維持量の輸液速度とは何か？
- 輸液はいつまで続けても問題ないのか？

　などの疑問があると思いますが，飲食ができない症例では水・電解質補充を目的に3号液の輸液が適していることを覚えてください．ただし，循環血液量が不安定な場合は細胞外液を選択します．

# 2. 輸液に用いる道具

## 輸液の準備

輸液を行う際に準備する道具は輸液バッグと輸液ラインがあります．犬猫における輸液ラインは輸液セットと延長ラインを組み合わせることが一般的です．

### 輸液ラインを準備

**用意するもの：輸液セット，延長ライン，三方活栓**

まずは輸液セット，延長ラインと翼状針を接続しましょう（図1-1）．延長ラインは長さや太さで商品が異なります．大型犬などで輸液速度が速くなる場合は太い延長ラインを選択することが一般的です．長さは動物が動く範囲に合わせて準備します．2〜3m程度の長さが必要な場合は複数の延長ラインを組み合わせることもあります．

輸液セットは20滴/mLと60滴/mLのものがあります．後者は小児用のものであり，微量輸液に適しています．ヒトでも犬猫でもよく用いられるものは20滴/mLの製品です．輸液セットと延長ラインの接続部はスリップイン型とルアーロック型の2種類があります（図1-2）．前者は差し込みによる接続

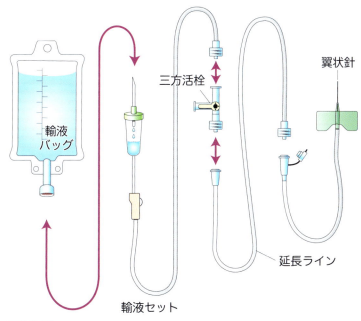

図1-1 輸液ラインの組み立て

であり，外力で外れやすいとされています．予期せぬ動きをとる動物の場合は，外れにくいルアーロック型の接続が望ましいと考えます．接続時には滅菌が保たれるように注意して行いましょう．

　輸液ラインの途中から他の薬剤を投与する可能性がある場合は，三方活栓も組み込みましょう（図1-3）．用途にもよりますが，輸液セットと輸液ラインの間に三方活栓を組み込むことが一般的です．使用予定がなければ三方活栓を組み込まない方が衛生的です．

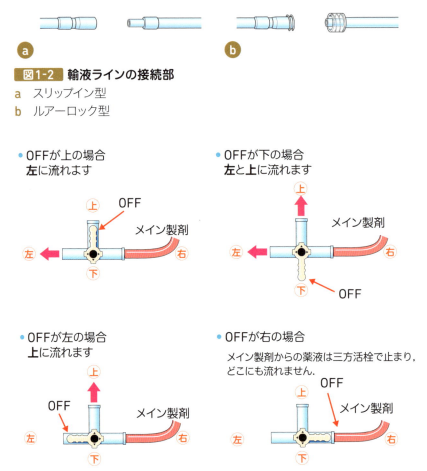

図1-2　輸液ラインの接続部
a　スリップイン型
b　ルアーロック型

図1-3　L型三方活栓の使用法
三方活栓にはL型とR型があります．上記の通り，1本あるレバーがOFFを意味するのがL型です．R型は3本のレバーがあり，レバーがないルートがOFFを意味します．

## 輸液バッグと輸液ラインを接続（図1-4）

**用意するもの：輸液製剤の入った輸液バッグ，準備した輸液ライン**

①輸液バッグと輸液ラインを接続する前に，必ず輸液ラインのクレンメを閉じましょう．クレンメを閉じずに接続すると，ライン内に大量の気泡が流入します．一度ライン内に気泡が入ると後から追い出すのは苦労しますし，時間もかかります．しっかりと手順をふむことが，最も速く準備できる手技となります．

②輸液バッグのゴム栓に，輸液ラインのびん針を刺します．コアリングを避けるために，ゴム栓に対してまっすぐ刺すようにしましょう．

③点滴筒に液を満たす前に，遠位ラインを折り曲げておきます．

④輸液バッグを吊るした状態で，点滴筒内に点滴を満たします．点滴筒を指で押しつぶした後に放すと，点滴筒内に輸液製剤が流入します．点滴筒内の1/3～1/2程度を輸液製剤で満たすようにしましょう．点滴筒の遠位側のラインを折り曲げた状態で点滴筒の液体を満たすと，ライン内に気泡が入りづらくて便利です．

⑤最後にクレンメを開放して，ライン内を液体で満たしていきます．この際，クレンメを一気に開放しすぎないように注意してください．ライン内に勢いよく輸液製剤が流れた場合には気泡が取り残されやすくなります．

輸液ラインの準備

①クレンメを閉じます

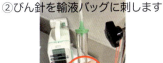
③点滴筒に液を満たす前に遠位ラインを折り曲げます

④点滴筒に液を満たした後ラインの折り曲げを放します

⑤クレンメを開き，ライン内に液体を満たします

⑥輸液ポンプにセットクレンメはポンプより動物側に配置します

**図1-4** 輸液ラインの接続

### 輸液ラインと動物の接続

⑥最後に輸液ラインと動物を接続します．皮下輸液を行う場合，延長ラインの遠位に翼状針や注射針を接続して，内部に輸液製剤を満たした後に穿刺・投与を行います．静脈輸液を行う場合は確保された静脈ラインに直接接続もしくは翼状針を用いて接続します．

---

**COLUMN　コアリング**

ゴム栓を穿刺する場合，斜めに針を刺すと針のあご部でゴム栓が削り取られることがあり，これをコアリングと呼びます（図1-5）．コアリングにより汚染された異物が薬液内に混入し，時には動物に誤って投与する危険性が発生します．コアリング防止のためには①針はゴム栓に対して垂直にゆっくりと刺す，②穿刺時は針を回転させない，③再刺入時は同じ場所を刺さないようにする，などが重要です．

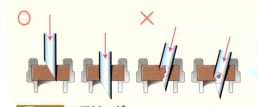

斜めに注射針を刺すと，針のあご部によってゴム栓が削り取られてしまいます．

図1-5　コアリング

---

## 末梢静脈ラインの確保

**用意するもの：バリカン，消毒（エタノールやクロルヘキシジンアルコール），留置針，インジェクションプラグ，固定用テープ，ヘパリン加生理食塩液**

犬猫では橈側皮静脈，内側もしくは外側伏在静脈などを末梢静脈ラインとして確保することが一般的です．静脈血管を確保する方法としては，留置針を用いて経皮的にカテーテルを静脈血管内に設置します（図1-6）．静脈留置の手技は衛生的に実施することが推奨されます．穿刺部位の毛刈り後，エタノールやクロルヘキシジンアルコールを用いて消毒してからカテーテルを留置しましょう．

留置針は内針とカテーテルからなり，最終的には外筒であるカテーテルを静脈血管内に留置します（図1-7）．カテーテルは柔らかく血管を傷つけにくいので，血管の奥まで挿入することができます．注射針と同じく留置針は太さにより色が決まっています．犬猫の体格や穿刺部位の血管径に応じて使用する留置針を選択しますが，猫や小型犬（＜5 kg程度）では24 G針，10 kg

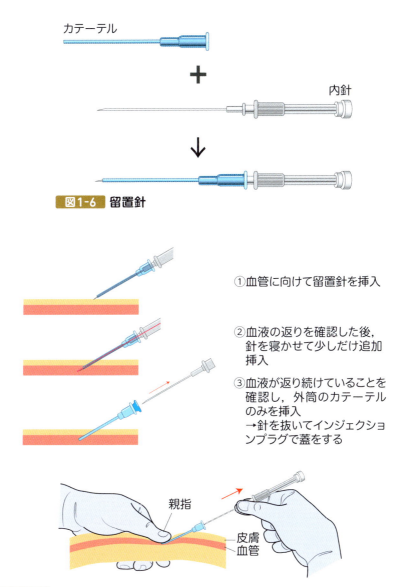

図1-6 留置針

①血管に向けて留置針を挿入

②血液の返りを確認した後，針を寝かせて少しだけ追加挿入

③血液が返り続けていることを確認し，外筒のカテーテルのみを挿入
→針を抜いてインジェクションプラグで蓋をする

図1-7 留置設置
留置設置時の針を抜く際に，血管内にあるカテーテル先端付近を皮膚越しに親指で圧迫すると逆血をコントロールできます．

前後の犬では22G針，中から大型犬では16〜20Gの留置針を用います．細い末梢静脈ラインでは，十分な輸液速度に耐えられなくなる可能性があります．留置手技の難易度は上がるかもしれませんが，体格の大きな犬や大量輸液が必要な場面では太めの留置針を用いた方が良いです．血管内カテーテルはヘパリン加生理食塩液で満たしたインジェクションプラグで蓋をした後に固定します．実際に静脈輸液を行う場合は，インジェクションプラグに翼状針を穿刺・固定することで輸液ラインと末梢静脈を接続します．

> **COLUMN 針のサイズ**
>
> 　注射針のサイズは太さと長さがあります．太さはゲージという単位で記載されることが一般的です．ゲージとは規定の単位面積あたりに何本の針が入るかを表す単位です．つまり数が大きいということは細い針であることを示します．一方，長さはインチで表されます．インチも日本人にはなじみがない単位なので困るところですが，1インチは男性の親指付け根の横幅に由来する長さの単位で，現在では2.54 cmと定義されます．大昔に太さや長さの単位を身近にあるものを基準としていた名残でこのような単位が残っています．

## 輸液速度の調節（自然滴下の場合）

　自然滴下の場合，輸液速度はクレンメを開放すれば速く，クレンメを閉鎖すれば遅くなります．最大速度は輸液バッグと穿刺部位の高低差の影響を強く受けます．クレンメを全開にしても輸液速度が不十分な場合は，輸液バッグを吊るしている高さを上げるなどの対応があります．皮下輸液の場合，加圧バッグで輸液バッグを押すことで輸液速度を上げることもあります．最大速度は注入抵抗の影響も受けるため，輸液ラインや静脈ルートの太さや長さも関連します．輸液速度を速くしたい場合，極力太く短いラインを準備することが推奨されます．

　現在一般的な輸液セットは20滴/mLです．すなわち，点滴筒の中を20滴滴下した場合，1 mL分の輸液が行われたという理解になります．例えば，10 mL/hで輸液を行いたい場合，

10 mL/h × 20 滴/mL＝200 滴/h
1時間は3,600秒なので，3,600秒で200滴を入れれば良い

　つまり，18秒に1滴の滴下スピードとなるようにクレンメの開閉調整を行うことで，10 mL/hの輸液速度が達成できます．実際には微妙なクレンメ調整ですし，バッグ内輸液の残量によっても滴下速度は刻一刻と変化します．簡便ではありますが，正確な輸液速度を期待することが難しい手法と理解いただくと良いと思います．より正確な輸液を行いたい場合には輸液ポンプを使用することが一般的です．

COLUMN　　　輸液の流れやすさ

　輸液の流れやすさはラインの太さと長さ，ライン内を流れる液体粘度が関係します．特に輸液療法ではラインの太さと長さが重要です．具体的には輸液の流れやすさは半径の4乗に比例し，長さに反比例します．つまりラインが太く短い場合にライン内の輸液は速く流れ，特にラインの太さは流れやすさを決定する極めて大きな因子となります．ここでいうラインの太さとは，輸液ラインの太さだけではなく静脈内に設置するカテーテルの太さも関連します．大量輸液を想定する場合は，可能な限り太いカテーテル留置を行い，そこに接続する輸液ラインも太く短いものを準備することが望ましいです．

## 輸液ポンプ

　輸液ポンプを用いることで，誤差±10％程度とかなり正確に輸液速度を設定できます（図1-8，9）．このため，犬猫の静脈輸液療法にはよく用いられる道具です．実際には輸液ポンプがラインをしごいて，ライン内の輸液製剤を投与します．輸液ポンプは，点滴筒にセットされたドロップセンサーで得た輸液製剤滴下速度の情報フィードバックを受けて（図1-10），設定された輸液速度に相当するようにラインをしごく強さを自動調整します．

　輸液ポンプが適切に作動するためには，各輸液ポンプに対応した輸液セットを使用することが重要です．また，輸液ポンプの設定で使用している輸液

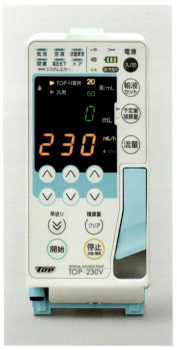

図1-8 輸液ポンプ
写真：トップ動物用輸液ポンプ TOP-230VD（株式会社トップ ブロードケア事業部

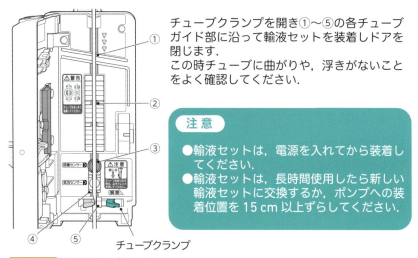

チューブクランプを開き①〜⑤の各チューブガイド部に沿って輸液セットを装着しドアを閉じます．
この時チューブに曲がりや，浮きがないことをよく確認してください．

**注意**
● 輸液セットは，電源を入れてから装着してください．
● 輸液セットは，長時間使用したら新しい輸液セットに交換するか，ポンプへの装着位置を15 cm以上ずらしてください．

図1-9 輸液ポンプセット
画像提供：株式会社トップ　ブロードケア事業部

　セットが20 mL/滴であるのか，もしくは60 mL/滴であるのかを選択できます．この設定が不適切な場合は上手く作動しませんので注意しましょう．
　長期間，同じ輸液セットを使用している場合はラインがへたっていることもあります．この場合も動作エラーや不正確な滴下速度に繋がります．ドロップ

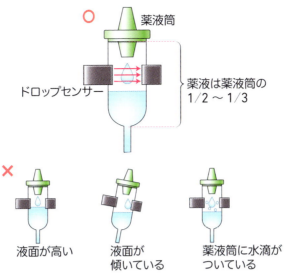

図1-10 ドロップセンサー

センサーの設置異常も動作エラーの原因として一般的です．ライン準備時や使用後の圧力・温度変化に伴い，ライン内に気泡が発生することがあります．輸液ポンプ手前で発生した気泡は輸液ポンプ内で検出され，動作エラーを引き起こします．気泡誤投与を防ぐための安全装置です．最後に，よくある動作エラーの原因はクレンメの開放忘れです．輸液ポンプにラインをセットする際には必ずクレンメを閉じますが，セット後はクレンメを開放することを忘れないようにしましょう．クレンメは輸液ポンプよりも動物側に設置することが一般的です（図1-4⑥）．

## COLUMN 輸血ポンプ

　赤血球輸血時には血球に過度の圧負荷がかかると，溶血などが生じる可能性があります．このため，輸血時の一般的な輸液ポンプの使用は推奨されていません．一般的な輸液ポンプはペリスタルティックフィンガー方式を採用し，ラインを完全に潰すくらい強い力の蠕動運動で送液を行っているためです．一方，テルモ社の一部の輸液ポンプ

は独自のペリスタルティックフィンガー方式であるミッドプレス®方式を採用しています．ミッドプレス®方式はチューブを完全に潰さない程度の力で送液するシステムのため，溶血が生じづらいとされています．輸血において一般的な輸液ポンプの使用が禁忌という訳ではありませんが，基本的に自然滴下もしくはミッドプレス®方式の輸液ポンプの使用が推奨されます．

## シリンジポンプ

　輸液ポンプよりもさらに高精度の輸液速度調節を行う道具として，シリンジポンプがあります（図1-11）．シリンジポンプは機械がシリンジをゆっくり押し続ける方式で，誤差が±3％程度の精度で輸液製剤を投与します．一桁mL/hの速度でも正確に投与することができ，流量安定性も優れています．流量安定性とは，1分単位などの短い時間で評価した場合に流量が安定しているかという考え方です．細かい時間で評価すると，シリンジポンプと比べて輸液ポンプは流量に若干のムラが存在します．このため，カテコラミンなど微量を正確に投与する必要がある薬剤投与時にはシリンジポンプを用いることが一般的です．

　ただし，シリンジポンプにはライン接続外れやライン内気泡などの検出装

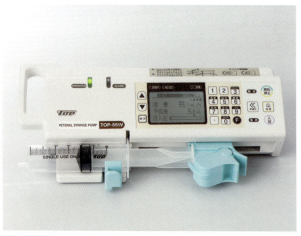

**図1-11 シリンジポンプ**
写真：トップ動物用シリンジポンプ TOP-551VC（株式会社トップ　ブロードケア事業部

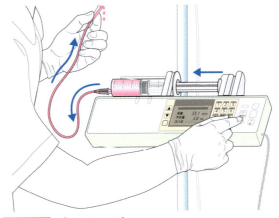

**図1-12** プライミング
投与前の準備として輸液ルート内を薬液で満たすことを
プライミングと呼びます．

置はついていません．投与中の作動状況は輸液ポンプ以上に注意して確認しましょう．シリンジポンプにシリンジをセットして実際に動物へ接続する前には，早送りしてライン内で送液されることを確認します（図1-12）．シリンジポンプには「あそび」と呼ばれる部分があり，シリンジをセットして開始ボタンを押しただけではすぐにシリンジを押す動きが始まらないからです．特に，重篤な犬猫に対してカテコラミンを使用する場合など素早く投与を開始したい場合には注意が必要です．

## 輸液量設定が多い場合

　通常は輸液ポンプの設定を増やせば対応できますが，一般的な輸液ポンプは最大速度が300〜500 mL／h程度です．小型犬猫では十分ですが，大型犬では十分とはいえません．この場合，自然滴下に頼る場合もあります．太い静脈カテーテルを設置し，高い位置に輸液バッグを吊るし，クレンメを全開にするとかなりの速度で輸液投与を行うことができます．時には，点滴筒内を輸液製剤が滴下するのではなく，滝のように流れることがあります．この場合は細かいカウントはできず，「10分で輸液バッグの1／4程度が入った」など非常にラフな確認しかできませんが，真に大量輸液が必要となる場合では精密な輸液量調整に意味はありません．その他，大量出血時など超緊急的に大量輸液が必要な場合は，全力の手動で輸液ボーラス投与を繰り返す方法（ポンピング）をとります．

## COLUMN 輸液バッグのゴム栓

　新品の輸液バッグの中身は滅菌状態ですが，ゴム栓部分の表面は十分に滅菌されていない状態とされています．理由としてはゴム栓部を覆うシールをつけた後に高圧蒸気滅菌を行っているためです．ゴム栓部とシールの間には蒸気が届かず，滅菌状態は保証されていません．仮に新品の輸液バッグのゴム栓部シールを剥がした直後でも，エタノールで消毒してから穿刺することが推奨されています．

　輸液製剤によってはゴム栓部にくぼみが複数あり，inやoutと記載されていることがあります．基本的にoutには輸液ラインのびん針を刺し，inには薬剤注入時の穿刺などに使用します．outの刺し口が太めの丸で書かれているだけで，実際にはどこを刺しても問題はありませんが，同じ場所を何度も刺すことは避けた方が良いです．


## COLUMN 輸液バッグへの油性マーカーペン使用

　輸液バッグの外袋表面に，動物とご家族の名前や追加で混入している薬剤の名称や濃度などを記入することは医療事故を防ぐ上では重要なことです．一方で，外袋表面に塗布された油性マーカーペン成分のキシレンなどがプラスチック製の輸液バッグを透過し，内部に移行することが明らかとなっています．実際には5 cm角で黒く塗りつぶすくらいに油性インクを塗布した場合に輸液バッグ内の気相でキシレンが検出されています．また微量ですが，油性マーカーペンで記載したラベルを輸液バッグに貼り付けた場合にもキシレンの内部移行が確認されています．いずれの場合も，体内に投与される液相における検出はありません．実臨床における弊害は明らかではありませんが，輸液バッグ表面へのマーカーペン記載は最小限とする，できればマーカーペン記載したラベルを輸液バッグに貼り付ける，程度の意識は持っておいた方が良いかも知れません．

## COLUMN 輸液バッグの膨らみ

　時に未開封の輸液バッグにもかかわらず，中身のガスが増えてバッグが膨らんでいる場面に遭遇することがあります．これは輸液バッグのプラスチックが外気を透過する性質を持つためですが，当然ながら細菌などは通過しません．最終的にどのような条件が重なると膨張するのかはわかりません．結局のところ不安なので，個人的には膨らんだ輸液製剤を症例に使用しようとは思いませんが……．なお，保温器で保管している輸液バッグが，気がついたら膨張している事象が多いように思います．こちらは内部成分の蒸発や透過が関連しているかもしれず，成分変化が生じている可能性も疑われます．基本的に室温（1～30℃）の保存を前提としているため，保温器での保管は推奨されません．

# 2章 体液と代表的な輸液製剤の組成

## 1. 体液の分布

　生体内の体積のおよそ60％は水で占められています．生体内における水分の割合は若齢の方が多く，高齢になると減少する傾向にあります．

　生体内で水分が存在する部位(コンパートメント)は，細胞内と細胞外に大きく分けられます．さらに細胞外液は間質と血管内に分けられ，そこにある水分はそれぞれ細胞外液，細胞内液と呼ばれます．生体内の水分は全体液量の2/3が細胞内液，1/3が細胞外液として存在し，細胞外液のうち3/4が間質に，1/4が血管内に存在します(図2-1)．血液中には水分の他に血球など様々な成分も含まれています．循環血液量は犬でおよそ90 mL/kg，猫で66 mL/kgとなります[1,2]．

　細胞内と細胞外は細胞膜により隔たれており，また細胞外液が存在する間質と血管内は血管壁により隔たれています．細胞膜と血管壁には小孔が空いていて，水は小孔を通って移動することができます．細胞膜の小孔は水のみが通ることができますが，水以外の物質(各種イオン，グルコース，蛋白質な

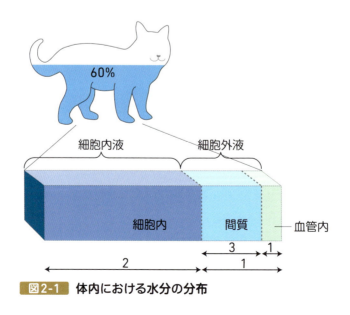

図2-1　体内における水分の分布

**表2-1** 細胞内外の電解質濃度の平均値

|  | 細胞外（mEq/L） | 細胞内（mEq/L） |
| --- | --- | --- |
| $Na^+$ | 145 | 12 |
| $K^+$ | 4 | 140 |
| $Ca^{2+}$ | 2.5 | 4 |
| $Mg^{2+}$ | 1 | 34 |
| $Cl^-$ | 110 | 4 |
| $HCO_3^-$ | 24 | 12 |
| $HPO_4^{2-}$, $H_2PO_4^-$ | 2 | 40 |
| $Protein^-$ | 14 | 50 |

どの電解質も細胞内外で濃度勾配が存在します．

ど）は通ることができません（このような性質を半透膜と呼びます）．そのため，細胞内外ではナトリウムイオン（$Na^+$）やカリウムイオン（$K^+$）などの電解質の濃度やグルコース濃度に差が生まれます（**表2-1**）．細胞外では$Na^+$と$Cl^-$の濃度が高く，細胞内では$K^+$の濃度が高くなっています．この濃度差により水を移動させる力が血漿浸透圧（より具体的には張度）です．詳しくは3章　浸透圧と張度➡p44をお読みください．

一方，血管壁の小孔はやや大きいため，水とともに$Na^+$も通ることができ，水が移動する際に$Na^+$も同時に移動します．そのため血管内外では血漿浸透圧に差が生じません．より正確に言うと，細胞内と間質，間質と血管内における物質のやり取りは，孔の他にチャネルやトランスポーターも関係しますが，輸液について考える上では孔を介した移動を考えれば十分です．

## 2. 代表的な輸液製剤の種類と組成（表2-2）

### 生理食塩液

最も古典的で，シンプルな組成の輸液製剤です．輸液製剤の浸透圧を血漿浸透圧と等張にするために水にNaClを加えたものです．

Na：154 mEq/L
Cl ：154 mEq/L

生体の血漿中にはもちろんNaCl以外にK，Ca，Mg，P，HCO₃，SO₄など
など様々な物質が存在します．こられの成分をすべて含有した溶液を作ることは容易ではないため，まずは身近にあるNaClを用いて使って作られた0.9％食塩水が生理食塩液です．他の成分が含まれないためNaとClの濃度が血漿より高めとなっています．

特にClは血漿の1.5倍近い濃度になっているので，大量に投与した場合には高Cl血症と高Cl性のアシドーシスに注意が必要となります．

## リンゲル液

生理食塩液が誕生したのち，より血漿に近い成分を目指した輸液製剤が作られるようになります．NaとCl以外にKとCaを加えて作られたのが，リンゲル液です．

リンゲル液もCl濃度は生理食塩液と同じ濃度なので，大量投与時には高Cl血症に注意が必要となります．

## 乳酸リンゲル液，酢酸リンゲル液

血漿中には陰イオンとて重炭酸（HCO₃⁻）が含まれています．生体のpHは

**表2-2** 各種輸液製剤の組成

|  | Na⁺ mEq/L | K⁺ mEq/L | Cl⁻ mEq/L | Ca²⁺ mEq/L | Mg²⁺ mEq/L | 乳酸・酢酸 mEq/L | 糖 % |
|---|---|---|---|---|---|---|---|
| 生理食塩液 | 154 | — | 154 | — | — | — | — |
| リンゲル | 147 | 4 | 156 | 5 | — | — | — |
| 乳酸・酢酸リンゲル | 130 | 4 | 109 | 3 | — | 28 | — |
| 1％ブドウ糖加酢酸リンゲル | 140 | 4 | 115 | 3 | 2 | 25 | 1 |
| リプラス®1号，ソルデム®1号 | 90 | — | 70 | — | — | 20（乳酸） | 2.6 |
| デノサリン®1 | 77 | — | 77 | — | — | — | 2.5 |
| リプラス®3号 | 40 | 20 | 40 | — | — | 20（乳酸） | 5 |
| ソルデム®3A | 35 | 20 | 35 | — | — | 20（乳酸） | 4.3 |
| 5％ブドウ糖液 |  |  |  |  |  |  | 5 |

7.4とややアルカリよりなので，アルカリ性物質である重炭酸は血液のpHを保つための緩衝剤としても重要です．

しかし，重炭酸は2価の陽イオンである$Ca^{2+}$や$Mg^{2+}$と混合した場合，沈殿物を生じてしまうので，重炭酸そのものを輸液製剤に混ぜるのは技術的に手間がかかります．そこで重炭酸の代わりに乳酸ナトリウムや酢酸ナトリウムを含む輸液製剤が開発されました．

乳酸イオンと酢酸イオンは体内で代謝されて最終的には重炭酸となります．乳酸は主に肝臓で代謝されます．酢酸リンゲル液は肝臓以外に全身の筋肉でも代謝されます．そのため，肝機能障害がある症例では，理論上，酢酸リンゲル液の方が好ましいとされます．ただし，臨床的に酢酸リンゲル液の方が肝機能障害のある症例で優れているという明らかなエビデンスがあるわけではありません．

Na：130 mEq/L，K：4 mEq/L，Cl：109 mEq/Lであり，Naがやや低めですが，かなり生体の血漿の電解質濃度に近い組成になっています．

## 1号液

1号液は電解質濃度が生理食塩液の半分であり，half salineや1/2生食と呼ばれることもあります．電解質濃度が低い分，糖を含有しており，生理食塩液と5％ブドウ糖液を1：1で混合したような組成です．

細胞外への補充が主ですが，細胞内液の補充もできます．また，Kが含まれていません．

1号液は製品によって組成に若干の違いがあり，デノサリン®1などは純粋に生理食塩液と5％ブドウ糖液を1：1で混合した組成になっています．

リプラス®1号やソルデム®1などは，デノサリン®1よりも少しNa濃度が高く90 mEq/Lとなっています．また，緩衝剤として乳酸イオンが含まれます．

## 3号液（維持液）

生理食塩液と5％ブドウ糖液を1：3で混合したような組成となっているのが3号液（維持液）です．

現時点で，水分や電解質の補充が必要である場面で行う輸液のことを**補充輸液**と呼びます．一方，現時点では水分や電解質の不足はないものの，これ以降不足が生じる状況にある場合に，不足を生じさせないために行う輸液が**維持輸液**です．代表的なシチュエーションとしては，絶食指示が出ている

時などです（詳細はコラム「**輸液の投与速度**」➡p97をご参照ください）．

　製品によって組成に若干の差がありますが，Na濃度は生理食塩液のおよそ1/4で35～40 mEq/Lとなっている製品が多いです．ソルデム®3Aは35 mEq/L，リプラス®3号は40 mEq/Lです．

　3号液は生理食塩液と5％ブドウ糖液を単純に1：3で混ぜた溶液ではなく，Kを含むことがポイントです．Kはどの製品も20 mEq/Lの濃度で含まれています．腎不全などで高K血症が懸念される症例では3号液の使用に注意が必要です．

　製品によりますがグルコースは4～5％程度含まれています．

　3号液はあくまで維持目的で使用するものなので，大量輸液には向きません．3号液を大量に輸液すると，低Na血症，低K血症，高血糖を生じる可能性があります．維持量程度の輸液速度で使用しましょう．

## 5％ブドウ糖液

　主に細胞内液の補充をしたい時に使用します．

　浸透圧の項（3章➡p44）で詳しく説明しますが，輸液として純粋な水を血管内に投与することはできないため（純粋な水は低張であるため），グルコースにより浸透圧を血漿浸透圧と等張にして投与します．

　5％ブドウ糖液に含まれるグルコースは，体内で水と二酸化炭素に分解されるため，5％ブドウ糖液は投与後に自由水として体内に分布し，細胞膜の隔たりなく水分が補充されます．

　5％ブドウ糖液も大量投与を行うと，低Na血症，高血糖を生じる可能性があります．

---

**COLUMN　生理食塩液とリンゲル液**

　生理食塩液は水とNaとClからできています．0.9％食塩水はNa，Clとも154 mEq/Lの組成で，等張かつ体内に注入しても細胞の変形は生じないことから生理的と呼ばれて輸液療法や動物実験でよく使用されていました．19世紀後半にカエルの心臓を用いた灌流実験を行っていたRingerが，誤って水道水で作成した生理食塩液を灌流し

た場合に，純粋な生理食塩液を灌流した場合よりも心機能が維持されることを偶然発見しました．実際には水道水に含まれる微量のKやCaが心機能維持に役立った結果とされています．このような偶然のもと開発されたリンゲル液の陽イオン組成はNa：147 mEq/L，K：4 mEq/L，Ca：4.5 mEq/Lと生理食塩液よりも生理的（細胞外液組成に近い）ですが，Cl：155.5 mEq/Lは非生理的なままです．

## COLUMN アルカリ化剤加のリンゲル液の発展

　18世紀後半にRingerにより開発されたリンゲル液（$Na^+$：147 mEq/L，$K^+$：4 mEq/L，$Ca^{2+}$：4.5 mEq/L，$Cl^-$：155.5 mEq/L）は19世紀前半にHartmannにより改良されました．最大の特徴は乳酸ナトリウムを用いることで，リンゲル液における非生理的な高Cl組成を改善した点にあります．結果としてリンゲル液よりも生理的なハルトマン液もしくは乳酸リンゲル液と呼ばれるアルカリ化剤加のリンゲル液（$Na^+$：130 mEq/L，$K^+$：4 mEq/L，$Ca^{2+}$：3 mEq/L，$Cl^-$：109 mEq/L，$Lac^-$：28 mEq/L）が登場しました．さらにその後，乳酸ナトリウムの代わりに酢酸ナトリウムを用いた酢酸リンゲル液，炭酸水素ナトリウムを添加した重炭酸リンゲル液が開発されました．

　重炭酸リンゲル液はMgが細胞外液と同濃度添加されるという特徴もありますが，なぜ最も細胞外液組成に近い重炭酸リンゲルの開発が遅れたのでしょうか？　最大の理由は，重炭酸リンゲル液に含まれる$Ca^{2+}$や$Mg^{2+}$が重炭酸イオンと結合し難溶性の塩を形成するためです．輸液バッグを介した二酸化炭素拡散によるpH変化も重炭酸リンゲル液の品質に問題を生じる原因となります．重炭酸リンゲル液はこの問題を解決するために，クエン酸によるキレートとガス不透過フィルムによる輸液製剤の個包装を行っています．個包装を破いた重炭酸リンゲル液は時間とともに成分変化するので，保存はできません．

> **COLUMN　輸血用血液製剤との混注**
>
> 　輸血用血液製剤は基本的には単独のラインから他の薬剤と混注せずに投与します．$Ca^{2+}$の入っている輸液製剤は，血液製剤と混合すると凝固が起こり，フィブリンが析出します．
>
> 　また，ブドウ糖溶液と混合すると赤血球の凝集や溶血が生じる可能性があります．そのため，血液製剤を輸液で後押しする場合などに使える輸液製剤は，$Ca^{2+}$および糖を含まないものを使用します．つまり，使用できる輸液製剤は生理食塩液のみです．

# 3. 各種輸液製剤の生体内における分布

## 脱水

　輸液による水分の補充を考える際には，どのコンパートメントに水分を補充したいのかを考える必要があります．

　臨床の現場でよく使う用語に**脱水**と言う表現があります．獣医師が「この症例は脱水しているね」と言った場合，どのコンパートメントの水分が足りないことを意図しているのでしょうか．

### 脱水の分類

　より具体的な表現が使われることがあります．細胞内脱水と言う場合は細胞内液が減少していることを表します．

　間質のみ水分が不足して，臨床上の問題が生じることはないので，間質の脱水という表現はあまり臨床的には用いられません．間質と血管内の水分がともに少なくなった場合には細胞外脱水と表現されます．

　血管内脱水という表現が使われることもあります．血管内脱水は別の呼び方をすると循環血液量減少と表現されます．

### 脱水の評価

　それぞれのコンパートメントの水分が失われた際に認められる臨床症状お

よび検査所見を**表2-3**に示します．注意点としては，脱水が生じている時に，これらの所見すべてが必ず揃うわけではないことです．生体が置かれている様々な状況において，認められる所見は異なることがあります．各種の臨床症状，検査所見，さらに症例のヒストリーなどを総合的に考慮した上で脱水の有無を診断しましょう．

細胞内脱水を示唆する所見は高Na血症です．血液中のNa濃度が高い場合，すなわち細胞外の血漿浸透圧が上昇していることになるので，水は細胞内から細胞外に移動します．そのため，高Na血症が認められる時は細胞内脱水が生じているということになります（**図2-2a**）．

**表2-3 脱水の程度と臨床症状**

| 脱水の程度 (%) | 身体所見 |
| --- | --- |
| ＜5 | 所見なし |
| 5〜6 | 粘液の粘稠性増 |
| 6〜8 | 皮膚ツルゴール（skin turgor）低下<br>粘膜の乾燥<br>CRT延長 |
| 8〜10 | 眼球陥凹 |
| 10〜12 | 明確な循環血液量減少<br>（頻脈，脈圧低下，意識レベル低下） |
| ＞12 | ショック<br>死亡 |

**a**
細胞内：浸透圧の変化から推測
　　　細胞外高張→細胞内液減少
　　　細胞外低張→細胞内液増加

**b**
間質　：身体所見から推測
　　　浮腫→間質の水分増加
　　　ツルゴール低下→間質の水分減少

**c**
血管内：身体所見から推測
　　　うっ血性心不全，CVC拡張→循環血液量過剰
　　　頻脈，低血圧，CVC虚脱→循環血液量減少

**図2-2　体液分画の状態を推測する方法**
CVC：後大静脈

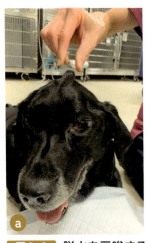

**図2-3　脱水を示唆する所見**
a　ツルゴール反応　b　眼球陥凹
ツルゴール反応は皮膚のたるみの少ない部位で評価します．
これらの所見は年齢による影響が大きく，高齢動物では脱水がなくてもツルゴールが延長したり，眼球陥凹が認められることがあります．

　一般的に脱水の検査として行われる毛細血管再充満時間（capillary refilling time: CRT）の延長やツルゴールの低下，口腔粘膜の乾燥は間質の水分が減少している所見です（図2-2b，3，4）．間質の水分が減少している場合は，血管内の水分も同時に減少していることを示唆するため，循環血液量も減少していることが予測されます（図2-5b）．
　それでは間質の水分減少を示唆する所見がなければ，循環血液量が減少していないと判断できるのでしょうか．後ほど4章➡p50で詳しく説明しますが，大手術や敗血症など，激しい炎症が生じている場合などに血管透過性が亢進し，血管内の水分が間質へ移動します．この場合は間質の水分減少を示唆する所見がなくても，循環血液量が減少していることがあります（図2-5c）．つまり，「間質の水分減少が示唆される→血管内も脱水している」は成り立ちますが，「間質の水分減少がない→血管内脱水はない」は必ずしも成り立たないということです（図2-5）．
　血管内脱水（循環血液量減少）を示唆する所見は頻脈や血圧低下，尿量減少などのバイタル所見，超音波検査による心内腔および後大静脈の虚脱などの画像所見です（図2-2c）．
　輸液により水分を補充する際には，どのコンパートメントの水分が不足して

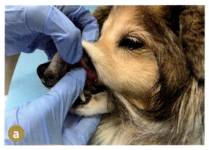
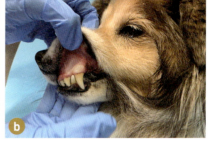

**図2-4　可視粘膜色とCRTの評価**
可視粘膜の蒼白化は貧血や末梢血管の収縮によって認められます．CRTの測定は上唇をめくって歯肉を指で白くなるまで3～4秒しっかりと押し(a)，指を離してから白くなった歯肉(b)の色が元に戻るまでの時間を測ります．

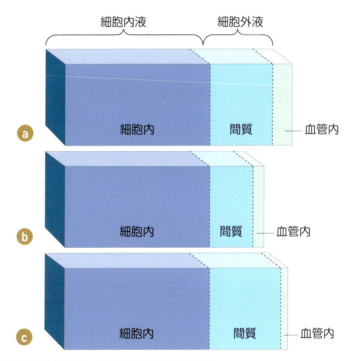

**図2-5　脱水時の体内における水分の分布**
a　正常時の体液分布
b　細胞外液全体が減少している際の体液分布
c　間質の脱水は伴わずに循環血液量（血管内ボリューム）が減少している際の体液分布

いるかを推測し，必要なコンパートメントに水分を補充できるよう輸液製剤を選択することが重要です．

## 浮腫

　浮腫という用語もよく使われるかと思います．浮腫は脱水とは逆に水分量が過多になっている状態です．浮腫も細胞内浮腫と細胞外浮腫があります．一般的な身体検査にて認められる浮腫は細胞外（間質）の浮腫です．細胞内浮腫は血液検査にて血漿浸透圧を計算して推測します（図2-2a）．

　細胞内浮腫がもっとも問題となるのは脳細胞の浮腫です．脳は頭蓋骨という固い入れ物に入っているため，脳細胞の浮腫が生じた結果，体積が増加すると，頭蓋骨内はパンパンになってしまいます．この状態では細胞性の脳圧亢進のリスクが生じ，重症例では脳ヘルニアが起こることもあります．

　細胞外の浮腫は主に間質の浮腫として，身体検査所見から推測されます．間質に水分が過剰になると臨床的には皮下の浮腫，眼瞼の浮腫，胸水・腹水の貯留などが生じます（図2-2b）．肺の間質で水が過剰になると肺水腫となり，命に関わる状態になることもあります．心不全を呈している，もしくは心不全のリスクが高い症例では特に注意が必要です．

　血管内の水分過剰（循環血液量過剰）は超音波検査による心臓や後大静脈（caudal vena cava: CVC）の所見から推測できます（図2-2c）．詳細は7-3．超音波検査による循環の評価➡p107をご参照ください）．

## 実際の例

　それでは，各種輸液製剤を投与した際に，どのコンパートメントに水分が補充されるかをシミュレーションしてみましょう．

### 生理食塩液の場合

　生理食塩液を血管内に投与した場合を考えます．血管壁に開いている小孔は水と$Na^+$が一緒に移動するため，血管内に入った生理食塩液は血管から間質に移動して，間質と血管内に3：1の割合で分布します（図2-6）．

　生理食塩液500 mLを投与した場合の増加する水分量は以下の式①のようになります．

- 細胞内：0 mL
- 間質　：500×3/4＝375 mL
- 血管内：500×1/4＝125 mL

式①

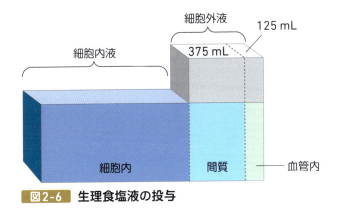

図2-6 生理食塩液の投与

### 5%ブドウ糖液の場合

次に，5%ブドウ糖液を血管内に投与した場合を考えてみましょう．ここでポイントは，投与されたグルコースは代謝されてなくなるということです．そのため，5%ブドウ糖液を投与した場合には，グルコースが代謝された結果，ただの自由水が生体内に分布すると考えることができます．自由水はただの水です．水は血管壁も細胞膜も通過することができるので，細胞内と間質と血管内すべてに分布します．投与した5%ブドウ糖液は細胞内と間質と血管内に8：3：1の割合の体積で分布します（図2-7）．5%ブドウ糖液500 mLを投与した場合の増加する水分量は以下の式②ようになります．

- 細胞内：500×8/12＝333 mL
- 間質　：500×3/12＝125 mL
- 血管内：500×1/12＝42 mL

式②

細胞内外に隔たりなく分布します．

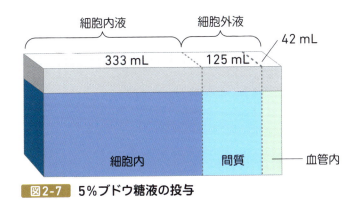

図2-7 5%ブドウ糖液の投与

### 1号液の場合

1号液を投与した場合の水分の分布を考えてみましょう．ここでは計算を簡単にするために，1号液の電解質の組成をNa$^+$：77 mEq/L（生理食塩液の半分）として計算します．

この場合，500 mLの1号液を投与すると，生理食塩液250 mLと5％ブドウ糖液250 mLを投与した場合と同じ電解質濃度になります．

そのため，前述の式①と式②の各コンパートメントの体積を足して2で割ると1号液500 mLを投与した際の生体内における分布量となります（図2-8）．

- 細胞内：（0＋333）/2＝167 mL
- 間質　：（375＋152）/2＝250 mL
- 血管内：（125＋42）＝83.5 mL

細胞外がメインですが，細胞内にも水が補充されます．

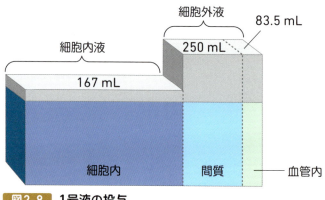

図2-8　1号液の投与

### 3号液の場合

3号液はNaに対しKの含有量も多いので，NaとKを足した濃度で分布を考えます．細かい計算は省きますが，図2-9のような分布となります．

1号液よりさらに細胞内への分布が多くなります．

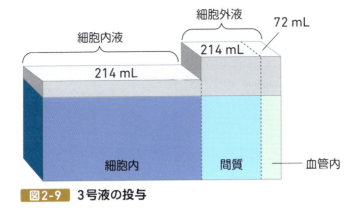

**図2-9** 3号液の投与

## 参考文献

1. Gibson J., Keeley J., Pijoan M. (1938): The blood volume of normal dogs. American physiological society hournal. 121(3):800-806
2. Kohn C.W., DiBartola S.P. (1992): Composition and distribution of bodily fluids in the dog and cat. In: DiBartola S.P., ed. Fluid therapy in small animal practice. 1-32. WB Saunders Co

# 3章 浸透圧と張度

## 1. 浸透圧

### 浸透圧とは

　半透膜に隔てられた溶液中に溶けている物質の濃度に差がある場合，濃度差がなくなるように水が移動します．この時に水を移動させる力が浸透圧（osmolarity）です．浸透圧は溶液に溶け込んでいる物質の濃度に依存します．浸透圧差が大きいほど，水を移動させる力が強くなります．

　浸透圧を求める方法には，実測値を測定する方法と，血漿中に溶け込んでいる代表的な物質の検査値から計算して，推定値を求める方法があります．私たちが普段の臨床において血漿浸透圧を求める場合は，推定値を計算することが一般的です．

### 浸透圧の計算

　血漿中に溶け込んでいる代表的な物質とはNa$^+$，K$^+$，グルコース，尿素（血中尿素窒素〈BUN〉として測定されます）で，計算式は

> **血漿浸透圧（mOsm/L）= 2（Na$^+$+K$^+$）+グルコース/18 + BUN/2.8……式①**

となります．

　mOsmの最初のmはミリ，Osmはオスモルなので，mOsmでミリオスモルと読みます．Na$^+$，K$^+$を2倍しているのは，血漿中にはこれらの陽イオンと同数の陰イオン（Cl$^-$など）が存在するはずだからです．グルコースとBUNをそれぞれ18と2.8で割っているのは単位をmg/dLからmmol/Lに換算するためです．

### 血漿浸透圧の実測値と計算値の違い

　実際に健康な犬と猫の浸透圧を計算してみましょう．犬と猫の血漿浸透圧の正常範囲はヒトに比べて少し高く，犬で290〜310 mOsm/kg，猫で

290〜330 mOsm/kgとなります[1, 2]．平均値にすると，犬で300 mOsm/kg，猫で310 mOsm/kgです．

血漿浸透圧の単位は実測値の場合は「mOsm/kg」，計算値の場合は「mOsm/L」で表されます．計算値は濃度が小さい様々な物質を無視して算出しているので，実測値の方が10 mOsm/kgほど高くなります[3]．

# 2．張度

## 張度とは

半透膜を通過する水の移動に関わる力が浸透圧ですが，細胞膜は厳密には半透膜ではありません．細胞膜は水より少し大きな物質も通過できるのです．尿素がその代表で，尿素は細胞内外を自由に行き来できます．

細胞膜を通過できずに，細胞内外で実際の浸透圧較差を生じる$Na^+$，$K^+$，グルコースは**有効浸透圧物質**（effective osmoles）と呼ばれ，有効浸透圧物質により生じる浸透圧を**有効浸透圧**（effective osmolality）＝**張度**（tonicity）と呼びます．

尿素など（他にエタノールなど）の細胞膜を通過できる浸透圧物質は**無効浸透圧物質**（ineffective osmoles）と呼ばれます．無効浸透圧物質が高濃度になったとしても細胞内外で水の移動は生じず，これ自体が体液のバランス（$Na^+$濃度など）を崩す原因とはなりません．

細胞内外の水の移動を生じ，細胞浮腫や細胞内脱水の原因となるのは張度，つまりeffective osmolesの濃度となります．

## 張度（有効血漿浸透圧）の推定式

張度の計算は式①から無効浸透圧物質である尿素，つまりBUNを抜けば良いので，

張度（mOsm/L）＝2（$Na^+$＋$K^+$）＋グルコース/18……式②

となります．

正常なBUNの値を14〜28と仮定すると，式①のBUN/2.8の部分は5〜10となるので，張度の正常範囲は，血漿浸透圧の正常範囲から5〜10低い値となります．

とても大まかにいうと，犬と猫の張度は300 mOsm/L前後と算出されます．

## 輸液製剤の張度（等張液・低張液・高張液）

輸液製剤の種類を張度によって分類してみましょう．

血漿より張度の高い輸液製剤を**高張液**，血漿と同じ張度の輸液製剤を**等張液**，血漿より張度の低い輸液製剤を**低張液**と呼びます．

実際に代表的な輸液製剤の張度を計算してみましょう．

前の章で紹介した輸液製剤の組成から$Na^+$，$K^+$およびグルコースの濃度を式②に当てはめると，以下の値になります．

生理食塩液　　　　　：2×(154+0)+0/18　　=308 mOsm/L
乳酸リンゲル液　　　：2×(130+4)+0/18　　=268 mOsm/L
ソルデム®1（1号液）　：2×(90+0)+2,600/18 =324 mOsm/L
ソルデム®3A（3号液）：2×(35+20)+4,300/18=348 mOsm/L
5％ブドウ糖液　　　　：2×(0+0)+5,000/18　=278 mOsm/L

1号液や3号液は製品によって若干の組成の違いがあるので，ここでは代表例としてソルデム®1とソルデム®3Aの組成で計算しています．

これらの輸液製剤の張度は多少の差があるとはいえ，犬と猫（ヒトも）の血漿の張度と大きく離れていないので，すべて等張液に分類されます．

一方，高張液の代表としては高張食塩水（3％食塩水）があり，その張度は約1,000 mOsm/Lもあります．高張食塩水は脳圧亢進時に，脳細胞から細胞外に水を引き込んで，脳浮腫を軽減させる目的などで使用されます．

低張液の代表としては注射用水（蒸留水）があり，その張度は約0 mOsm/Lです．蒸留水は決してそのまま血管内に投与してはいけません．赤血球は血漿と等張です．そのため，血管内に蒸留水を投与し浸透圧が急激に低下すると，その近くにある赤血球との間に張度の差が生じます．水は張度が高い方へと移動するので，赤血球内に水がどんどん流れこみ，溶血を起こす可能性があります．

## 等張電解質輸液・低張電解質輸液・高張電解質輸液

先ほどの章で等張液・低張液・高張液の話をしましたが，これと似た用語に**等張電解質輸液・低張電解質輸液・高張電解質輸液**という用語がありま

**図3-1 輸液製剤の分類**
膠質液については4章➡p50をご参照ください．

す（図3-1）．この両者の違いは非常に重要な意味を持ちます．

先ほど説明したように，生理食塩液や乳酸リンゲル液，1号液，3号液，5％ブドウ糖液はすべて**等張液**です．これは輸液製剤中の$Na^+$，$K^+$およびグルコースにより張度が血漿と同レベルに保たれていて，静脈内に投与しても溶血を起こさないように調整されているからです．

次に静脈内に投与されたこれらの輸液製剤が体内のどこに分布するかみてみましょう．投与された輸液製剤中のグルコースは代謝されてなくなるため，投与された輸液製剤が体内のどこに分布されるかを考える際には，$Na^+$，$K^+$の濃度により計算し，以下の値になります．

生理食塩液　　　　　：2×(154+0)＝308 mOsm/L
乳酸リンゲル液　　　：2×(130+4)＝268 mOsm/L
ソルデム®1（1号液）　：2×(90+0)　＝180 mOsm/L
ソルデム®3A（3号液）：2×(35+20)＝110 mOsm/L
5％ブドウ糖液　　　　：2×(0+0)　　＝0 mOsm/L

この電解質から計算した張度と血漿の張度を比較してみた場合，生理食塩液と乳酸リンゲル液は等張電解質輸液となります．一方，1号液，3号液および5％ブドウ糖液は低張電解質輸液となります．ややこしいですが，1号液や3号液，5％ブドウ糖液は等張液であり，同時に低張電解質輸液でもあるという分類になります．

高張食塩水（3％食塩水）は高張液であり，高張電解質輸液でもあります．

投与された輸液製剤は主にNa$^+$の濃度に依存して細胞内外の分布が決まります．つまり，等張電解質輸液は主に細胞外に分布し，低張電解質輸液は細胞内にも分布します．

　この等張液・低張液・高張液と等張電解質輸液・低張電解質輸液・高張電解質輸液に関しては本によっては区別せずに記載してある場合もあるので注意しましょう．

## 参考文献

1. Hardy R.M., Osborne C.A. (1979): Water deprivation test in the dog: maximal normal values, J Am Vet Med Assoc.174(5):479-483
2. Chew D.J, Leonard M., Muir W.W. (1991): Effect of sodium bicarbonate infusion on serum osmolality, electrolyte concentrations, and blood gas tensions in cats, Am J Vet Res. 52(1):12-17
3. Shull R.M. (1978): The value of anion gap and osmolal gap determinations in veterinary medicine, Vet Clin Pathol. 7(3):12-14

# MEMO

# 4章 膠質浸透圧と血管内外の水の移動

## 1. 膠質浸透圧とグリコカリックス

　先の章で細胞内と細胞外の水の出入りについて説明しました．次に血管内と間質の水の出入りについて考えましょう．

　血管壁を介した体液の移動は，血液と間質液の静水圧と膠質浸透圧に左右されます．半透膜を介した水を移動させる浸透圧には，晶質浸透圧と膠質浸透圧があります．

　晶質浸透圧の晶質とは電解質や糖のことです．3章「浸透圧と張度」の項で説明した細胞膜を介した水の移動は，晶質浸透圧によって成り立っています．

　膠質浸透圧の膠質とはコロイドのことで，生体内におけるコロイドはアルブミンを主とした蛋白質です．血管壁を通る水の移動は膠質浸透圧の差によって規定されます．コロイドは血管壁を通過しにくいので，血管外より血管内の膠質浸透圧は高くなります．

　電解質や糖で構成された輸液製剤が**晶質液**です．一方，コロイドを含む輸液製剤を**膠質液**と呼びます．生理食塩液などの細胞外液や1号液，3号液，5％ブドウ糖液はすべて晶質液です（図3-1も参照）．膠質液にはアルブミン製剤や血漿製剤，人工コロイド液があります（図4-1）．

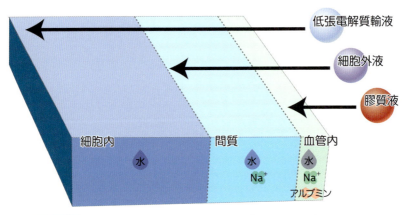

**図4-1** 各輸液製剤を投与した時に分布するコンパートメント

静脈内投与された晶質液は血管外まで分布されるのに対し，膠質液は大部分が血管内に留まるため，理論的には<u>膠質液の方が循環血液量を増加させる効果が高い</u>といえます（詳細は7章➡p92もご参照ください）．

　毛細血管壁を介した体液の移動が，静水圧と膠質浸透圧により，どのように調整されているかを式で表したのが**Starling（スターリング）の法則（Starlingの式）**です．水は静水圧の差により毛細血管内から間質へと押し出され，膠質浸透圧の差により間質から毛細血管内に引き込まれます．

### 式①

$$J_V = L_p \cdot A \{(P_c - P_i) - \sigma(\pi_c - \pi_i)\}$$

$J_V$：血管壁を介した濾過流（水の移動），$L_p$：濾過係数＝毛細血管透過性（permeability），$A$：毛細血管表面積，$P_c$：毛細血管の静水圧，$P_i$：間質液の静水圧，$\pi_c$：毛細血管の膠質浸透圧，$\pi_i$：間質液の膠質浸透圧，$\sigma$：反発係数＝毛細血管壁の蛋白透過性

　Starlingの式は血管内外の水の移動をわかりやすく表しています．しかし，実際にラットの毛細血管を用いた灌流実験では血管内からの濾過流がこの式から予測された量を下回りました．

　この予測との差異を解消するために見直された式が，**改訂Starlingの法則**です．

### 式②

$$J_V = L_p \cdot A \{(P_c - P_i) - \sigma(\pi_c - \pi_g)\}$$

$\pi_g$：グリコカリックス直下の膠質浸透圧

　改訂Starlingの法則では，膠質浸透圧の差を計算する際に，間質の膠質浸透圧ではなくグリコカリックス直下の膠質浸透圧が用いられています（図4-2）．グリコカリックス直下では膠質浸透圧が濾過流そのものに影響されるので，血管内静水圧が上昇すると膠質浸透圧が減少します．

　グリコカリックスは毛細血管壁を介した膠質浸透圧の変化に寄与しており，血管透過性を制御する要因の一つと考えられています．

　毛細血管内皮をコーティングするグリコカリックスが損傷することで血管透過性が亢進します．グリコカリックスは脆弱な構造物であり，様々な要因により脱落します．

　特に炎症はグリコカリックスと密接な関係があります．敗血症，虚血再灌

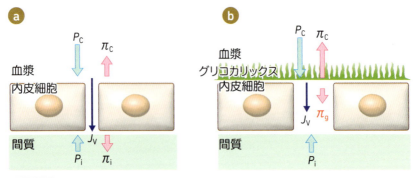

**図4-2 Starlingの式**
a 古典的なStarlingの法則
b 改訂されたStarlingの法則

流障害，急性腎障害（acute kidney injury: AKI），急性呼吸窮迫症候群（acute respiratory distress syndrome: ARDS）など，小動物臨床でも遭遇する急性疾患ではグリコカリックスが脱落しやすい状態にあります．また，輸液負荷もグリコカリックスを損傷する一因です．ショック時の細胞外液の大量輸液は，グリコカリックスの脱落を助長させる可能性があります．ショック時には循環血液量維持のために輸液負荷が必須ですが，大量輸液を持続して必要となるような状況では，輸液製剤の選択や昇圧薬の使用などを検討することで，グリコカリックスの保護を意識した管理をしましょう（詳細は7章➡p92もご参照ください）．

## COLUMN グリコカリックスの構造と機能

　毛細血管を含めた微小循環系の血管内腔は内皮細胞に裏打ちされています．この内皮細胞の内腔側を覆っているゲル状の層がグリコカリックスです（図4-3）．

　グリコカリックスは糖蛋白質やグリコサミノグリカンなどの糖鎖を主体とした構造体です．血管内皮細胞の持つ様々な機能の維持にグリコカリックスが重要な役割を果たしていることがわかっています．グリコカリックスの生理機能は，血管透過性の制御，抗血栓性の維持，白血球遊走の制御など多岐に渡ります．

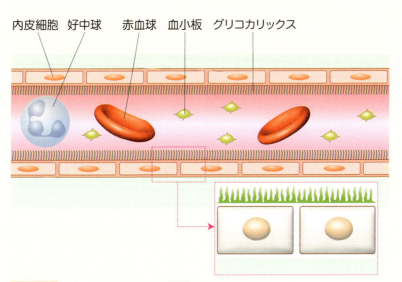

**図4-3** グリコカリックスの構造

　グリコカリックスの構造は脆弱であり，様々な刺激により脱落します．グリコカリックスが菲薄化し血管透過性が亢進すると，血管内から間質への水分漏出が増えます．このような状況では，輸液をしても血管内に水分を保持しにくくなるため，循環血液量はあまり増えずに，間質の浮腫が増悪しやすい状態になります．

　グリコカリックスの再生と保護に関する研究も盛んに行われています．グリコカリックスの保護作用が期待されているものとしては，副腎皮質ステロイド，アルブミンなどの血漿蛋白，ヘパリン・アンチトロンビンなどの抗凝固物質，新鮮凍結血漿などが報告されています．

　しかし，臨床的な治療効果に関しては結論が得られておらず，今後の検討に期待したいと思います．

# 5章 酸塩基平衡

## 1. 総論

### 酸塩基平衡障害とは

　酸塩基平衡障害を受けて体内のpHが変化すると，アシデミアもしくはアルカレミアを発症します．体内のpHが増減することで酵素機能は低下して，多臓器における機能障害に繋がります．また，ヘモグロビンの構造変化に伴い酸素結合能が変化して酸素運搬能が増減します（ヘモグロビン酸素解離曲線の右方もしくは左方変位）．酸塩基平衡障害は血液ガス分析なしには理解しがたい病態と考えがちですが，強イオンアプローチの概念を取り入れることで，電解質異常と酸塩基平衡障害の関係性や，輸液による酸塩基平衡障害の治療法が特に理解しやすくなります．順を追って解説してきます．

### アシドーシスとアルカローシス

　まずは用語の整理ですが，体液のpHが正常よりも酸性化した場合を**アシデミア**，アルカリ化した場合を**アルカレミア**と呼びます．最も容易に採取できる体液は細胞外液の一部である血液であり，血中pHの正常値は7.35〜7.45です（図5-1）．多くの犬で動脈血と静脈血のpHに大差はなく，いずれの血液ガス分析によるpHでもアシデミアもしくはアルカレミアの存在を評価可能です．ただし，猫の動脈血と静脈血のpHは若干の乖離があるため評価に注意が必要です（表5-1）．類似する言葉に**アシドーシス**や**アルカローシス**

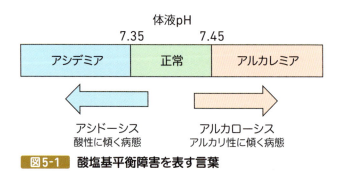

**図5-1** 酸塩基平衡障害を表す言葉

### 表5-1 健常犬猫の動・静脈血の血液ガス分析値[1]

|  | 動脈 犬 | 動脈 猫 | 静脈 犬 | 静脈 猫 |
|---|---|---|---|---|
| pH | 7.39〜7.44 | 7.36〜7.40 | 7.36〜7.40 | 7.24〜7.36 |
| $PCO_2$ (mmHg) | 34〜40 | 28〜30 | 40〜45 | 37〜45 |
| $HCO_3^-$ (mEq/L) | 21〜25 | 16〜18 | 23〜27 | 19〜21 |

$PCO_2$：炭酸ガス分圧，$HCO_3^-$：重炭酸イオン濃度，BE：過剰塩基

がありますが，これらはpHを酸性方向もしくはアルカリ性方向に傾ける病態を指します．pH変化は結果であり，原因追求と治療のためにはアシドーシスとアルカローシスを引き起こす病態を理解する必要があります．

血液ガス分析でアシデミアが認められたとしても，アシドーシスの病態のみが存在するとは限らず，アルカローシスの病態が共存することもあります．また，アシドーシスの病態が一つだけとは限りません．仮にpHに異常がなくともアシドーシスやアルカローシスの病態が存在することもあります．酸塩基平衡障害を把握する中では，pH異常の有無にかかわらずアシドーシスやアルカローシスの病態を捉える必要があります．

## COLUMN  pHとは

pHとは$H^+$濃度に基づく値です．

$$pH = -\log(H^+)$$

という式で算出できます．血中pHの正常値は7.35〜7.45ですが，$H^+$濃度で表すと35〜45 nmol/Lになります．$Na^+$などの血中電解質濃度はmmol/L単位ですが，$H^+$濃度はその1/1,000,000のnmol/L単位です．pH 7.0や7.2でも$H^+$濃度は64〜100 nmol/L，pH7.5では32 nmol/Lであり，わずかな$H^+$濃度変化が大きなpH変化を引き起こすことが理解できます．逆に言えば，生体による$H^+$濃度制御のあまりの厳密さに驚嘆するばかりです．

## 呼吸性因子と代謝性因子

　1900年初頭に提唱されたHenderson-Hasselbalch（ヘンダーソン・ハッセルバルヒ）の式を思い浮かべてください．

$$pH = 6.1 + \log(HCO_3^- / 0.003 \times PCO_2)$$
$HCO_3^-$：重炭酸イオン濃度，$PCO_2$：炭酸ガス分圧

　という式です．細胞外液の代表的な緩衝系である炭酸－重炭酸緩衝系とpHの関係性を計算式に変換したものです．

pH↓の病態（アシドーシス）：$PCO_2$↑ もしくは $HCO_3^-$↓
pH↑の病態（アルカローシス）：$PCO_2$↓ もしくは $HCO_3^-$↑

　という理解になります．このうち$PCO_2$を呼吸性因子，$HCO_3^-$を代謝性因子と呼びます．この組み合わせにより，酸塩基平衡障害の病態を以下の四つに分類できます．

① $PCO_2$↑：呼吸性アシドーシス
② $PCO_2$↓：呼吸性アルカローシス
③ $HCO_3^-$↓：代謝性アシドーシス
④ $HCO_3^-$↑：代謝性アルカローシス

　生体はpHを7.4に保とうとする性質があります．つまり，代謝性因子異常を引き起こす病態がある場合は逆方向の呼吸性因子変化を生じ，呼吸性因子異常を引き起こす病態がある場合は逆方向の代謝性因子変化を生じます．これがいわゆる代償反応であり，恒常性維持を目的とした生理反応です．呼吸性因子と代謝性因子の異常を引き起こした原因を分けて探索する必要がありますが，①③が併発したアシデミア，②④が併発したアルカレミアの病態もあります．基本的に①②が併発することはありませんが，①②のいずれかに加えて③④が併発する病態も存在します．また，$PCO_2$の異常は呼吸に依存するため原因追求は単純ですが，代謝性因子異常を引き起こす根本的な原因は数多く存在することに注意が必要です．

# 2. 従来法による病態解析

## 呼吸性アシドーシスと呼吸性アルカローシス

　呼吸性因子の評価には血液ガス分析を必要としますが，解釈は$PCO_2$の大小を評価するだけです．呼吸性アシドーシスは，呼吸筋障害，上部気道閉塞や麻酔・鎮痛薬の影響などによる呼吸回数や1回換気量の減少が主原因です．一方，呼吸性アルカローシスは，緊張や中枢異常，肺の酸素化障害や人工呼吸設定過剰による呼吸回数や1回換気量の増大が主原因です．多くの犬ではpHと同様に$PCO_2$も動静脈血間で大差がありません．猫では動脈血と静脈血の$PCO_2$に大きな差があることが知られており，動静脈のpHが乖離する原因と考えられます（表5-1）．そのため，特に猫の呼吸因子解釈においては採血部位を考慮する必要があります．呼吸因子の治療は呼吸管理であり，本稿では解説を省略します．

　時には代謝性アシドーシスの病態に対する代償反応として呼吸性アルカローシス，代謝性アルカローシスの病態に対する代償反応として呼吸性アシドーシスが生じます．腎不全や重度の循環不全で代謝性アシドーシスが進行している場合にみられる頻呼吸は，代償性呼吸性アルカローシスであることが多いです．糖尿病性ケトアシドーシス時にみられる深く速いクスマウル呼吸も，代償性呼吸性アルカローシスによって代謝性アシドーシスを中和することを目的とした過換気です．

## 代謝性アシドーシスと代謝性アルカローシス

　代謝性因子の評価も血液ガス分析で可能ですが，pHと$PCO_2$は実測値である一方で，$HCO_3^-$はHenderson-Hasselbalchの式に基づき算出された計算値です．実際には代謝性因子としてpHを変化させる物質（アルブミン，リン酸，乳酸など）は数多く存在し，まとめて代謝性因子と呼んでいます．計算値である$HCO_3^-$は，数多くの代謝性因子の影響をすべて$HCO_3^-$の変化に置き換えた架空の値にすぎません．

　基本的には$HCO_3^-$が低ければ代謝性アシドーシス，高ければ代謝性アルカローシスです．実際に評価を行う場合，動静脈血$HCO_3^-$の正常値基準は犬で22 mEq/L，猫で18 mEq/L程度の値を用いることが一般的です．ただし，計算値である$HCO_3^-$はpHと$PCO_2$から算出するため，呼吸性因子異

常の影響を受けます．また，呼吸性アシドーシスの病態に対する代償反応で代謝性アルカローシス，呼吸性アルカローシスの病態に対する代償反応で代謝性アシドーシスが生じることもあります．

　$HCO_3^-$ 以外に血液ガス分析で得られる計算値として過剰塩基（base excess: BE）があります．BEは呼吸性因子が正常と仮定した場合（$PCO_2$＝40 mmHg）に今の塩基量がpH 7.40にするための塩基より多いか少ないかを表しています．説明するとややこしいですが，簡便にまとめると

**$HCO_3^-$↓ もしくは BE↓（負に大きくなる）：代謝性アシドーシス**
**$HCO_3^-$↑ もしくは BE↑（正に大きくなる）：代謝性アルカローシス**

という理解です．

　BEは呼吸性因子の影響が補正されているので，ぱっと見で代謝性因子の異常が判りやすく，数字の大小で重症度把握も容易です．このため救急領域で特に好まれるパラメーターで，−5〜5 mEq/Lを正常値と考えます．

　BE<−5 mEq/Lであれば代謝性アシドーシス，BE>5 mEq/Lであれば代謝性アルカローシス，数字が大きければ重症と即座に判断できます．

---

**COLUMN　乳酸と乳酸イオン**

　乳酸（lactic acid）は弱酸として知られる分子であり，水溶液中では部分的に電離します．乳酸は電離すると$H^+$を放出し，乳酸イオン（lactate）に変化します．

**Lactic acid ↔ Lactate$^-$＋$H^+$**

　血液ガス分析でいう「乳酸」はlactateであり，厳密には「乳酸イオン」を指します．体内で乳酸産生が増加すると，乳酸イオンおよび$H^+$も増えるためpHは低下します．一方で，乳酸イオンを生体に投与した場合には$H^+$を受け取り乳酸へと変化し，pHは上昇します．乳酸リンゲル液が酸ではなくアルカリ化剤添加のリンゲル液と呼ばれるのは，乳酸ではなく乳酸イオン添加（実際には乳酸ナトリウム添加）のリンゲル液だからです．仮に乳酸イオンを大量投与しても乳酸アシドーシスは生じません．

## 代償反応の判断基準

　代償反応の強さはある程度の目安が存在します．呼吸性因子異常や代謝性因子異常の病態を発見した場合，適切な代償反応が生じているかを判断する必要があります．予想される大小反応よりも大きな変化が生じている場合，別の病態が併発している可能性があります．代償反応はpHを7.40に戻そうとする反応であり，代償反応が過剰となることはありません．呼吸性アシドーシスやアルカローシスの病態では発症から2～3日未満を急性，2～3日以上を慢性と考えます．以下が目安です（**表5-2**）．覚えるのは難しいので，必要な時に表を確認しましょう．

### 例1：呼吸器疾患の代償評価

　急性頻呼吸を主訴とした犬でpH：7.42，$PCO_2$：25 mmHg，$HCO_3^-$：15 mEq/Lという検査所見が得られたとします．呼吸性アルカローシスと代謝性アシドーシスが併発していますが，pHは正常レベルです．何らかの異常で生じた呼吸性アルカローシスが存在し，代謝性アシドーシスはこれに対する代償反応であると考えて問題ないかが気になります．

$$\Delta PCO_2 は40\ mmHg（正常値）-25\ mmHg = 15\ mmHg$$

　急性呼吸性アルカローシスに対して生じる代謝因子の代償変化は**表5-2**から$0.25 \times \Delta PCO_2$分だけ$HCO_3^-$↓と予想されます．

$$0.25 \times 15\ mmHg ≒ 3.8\ mEq/L 分だけHCO_3^-↓ が適切な代償反応$$

**表5-2** 適切な代償反応の程度（犬）[2]

| 病態 | 代償性変化 | 適切な代償反応の程度 |
|---|---|---|
| 代謝性アシドーシス | $PCO_2$↓ | $0.7 \times \Delta HCO_3^-$ |
| 代謝性アルカローシス | $PCO_2$↑ | $0.7 \times \Delta HCO_3^-$ |
| 呼吸性アシドーシス（急性） | $HCO_3^-$↑ | $0.15 \times \Delta PCO_2$ |
| 呼吸性アシドーシス（慢性） | $HCO_3^-$↑ | $0.35 \times \Delta PCO_2$ |
| 呼吸性アルカローシス（急性） | $HCO_3^-$↓ | $0.25 \times \Delta PCO_2$ |
| 呼吸性アルカローシス（慢性） | $HCO_3^-$↓ | $0.55 \times \Delta PCO_2$ |

$PCO_2$：炭酸ガス分圧（mmHg），$HCO_3^-$：重炭酸イオン濃度（mEq/L）．猫は代償反応の程度について不明ですが，現状は犬と同等の反応程度として考えることが一般的です．

酸塩基平衡

代償反応による予想されるHCO₃⁻は

$$22.0\ mEq/L（正常値）-3.8\ mEq/L=18.2\ mEq/L$$

予想値はHCO₃⁻の実測値である15 mEq/Lと乖離します．このため別の代謝性アシドーシスを引き起こす病態が潜んでいる可能性があります．そもそも重度の代謝性アシドーシスを引き起こす病態が存在し，これに対する代償反応として呼吸性アルカローシスが生じることで，急性頻呼吸が発症している可能性も考えた方が良いかもしれません．

### 例2：代謝性疾患の代償評価

　糖尿病性アシドーシスと急性の頻呼吸を主訴とする犬でpH：7.20，PCO₂：33 mmHg，HCO₃⁻：13 mEq/Lという検査所見が得られたとします．代謝性アシドーシスと呼吸性アルカローシスの併発によるアシデミアが存在します．アシデミアの原因が代謝性アシドーシスであり，呼吸性アルカローシスは代償反応なのでしょうか？

$$\Delta HCO_3^-は22\ mEq/L（正常値）-13\ mEq/L=9\ mEq/L$$

代謝性アシドーシスに対して生じる呼吸性因子の代償変化は$0.7\times\Delta HCO_3^-$分だけPCO₂↓と予想されます．

$$0.7\times9\ mEq/L≒6\ mmHg分だけPCO_2↓が適切な代償反応$$

代償により予想されるPCO₂は

$$40\ mmHg（正常値）-6\ mmHg=34\ mmHg$$

予想値はPCO₂実測値の33 mmHgとほぼ一致するため，このケースにおける急性頻呼吸の臨床徴候，すなわち呼吸性アルカローシスは糖尿病性アシドーシスの代償反応と説明できます．

## 代謝性アシドーシスの病態解析

　呼吸性因子と異なり，代謝性因子の異常を単純に体内におけるHCO₃⁻の過不足で説明することや治療することは困難です．代表的な代謝性因子異常には代謝性アシドーシスがあり，病態の深刻化は代謝性アシドーシスの進行と関連していることもよくあります．病態は「酸の増加」もしくは「塩基の減

少」のいずれかになります．検査対象となる血液すなわち細胞外液中の塩基の代表は$HCO_3^-$であり，塩基の減少は$HCO_3^-$の直接的な減少を想像すると良いでしょう．一方，酸の増加も最終的には$HCO_3^-$の減少を引き起こすため，いずれの病態においても血液ガス分析結果で$HCO_3^-$が減少します．

代謝性アシドーシスを認めた際に，二つの病態を区分をするためには，**アニオンギャップ（anion gap: AG）** を評価します．AGを評価する前に知っておくべき基本原則として，

### 血中の陽イオンと陰イオンの濃度は等しい

という前提があります．通常，血液中のイオンは図5-2のようなバランスで存在します．測定できない陽イオン＝カチオン（$H^+$など）は生体内で微量に存在するのみであり，無視することができます．また，血中陽イオンとして存在する$K^+$や$Ca^{2+}$も値が小さいため，AGを求める簡易式では無視することができます．このため，AGは以下の簡易式で表すことができます．

$$AG = Na^+ - Cl^- - HCO_3^-$$

AGは測定できない陰イオン（酸）の増減を反映する値であり，AG高値は測定できない酸の増加を意味します．犬猫におけるAGの正常値は幅広いです

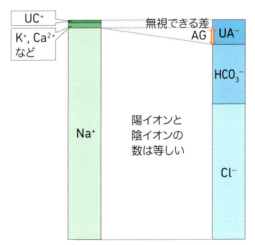

**図5-2　健常動物の血中電解質バランス**
$UC^+$：測定できない陽イオン（$H^+$など，無視できるほど微量），$UA^-$：測定できない陰イオン
$K^+$，$Ca^{2+}$の異常の影響も少ないため，アニオンギャップ（AG）算出の際は計算式から除外

が，犬で20 mEq/L，猫で27 mEq/Lを超える場合にはAG高値と判断します．AG正常の場合はそれ以外の病態，すなわち塩基の減少の病態と考えます．

**AG高値の代謝性アシドーシス＝酸の増加による代謝性アシドーシス**
**AG正常の代謝性アシドーシス＝塩基の減少による代謝性アシドーシス**

両者ともに原疾患の治療は重要ですが，後者の場合は減少した塩基の補充として重炭酸ナトリウム投与を行うこともあります．

### AG高値の代謝性アシドーシス

酸の増加は，酸の産生増加もしくは排泄低下により生じます．

生体内で酸産生が増加する病態として，循環不全や低酸素血症，貧血など組織低酸素で生じる乳酸イオン産生，もしくは糖尿病で産生されるケト酸イオン産生があります．いわゆる乳酸アシドーシスや糖尿病性ケトアシドーシスです．最近は乳酸イオン濃度（$Lac^-$）が測定可能な施設も増えており，乳酸アシドーシスは代謝性アシドーシスかつ$Lac^-$高値から直接判断することも可能です．その他，中毒などで酸が増える場合もあります．エチレングリコール中毒におけるシュウ酸，メタノール中毒におけるギ酸，アスピリン中毒におけるサリチル酸などが代表的です．

一方で，腎不全による尿毒症では硫酸やリン酸イオンの他，生理的に生じる多くの酸の排泄が低下するため，AG高値の代謝性アシドーシスを生じます．

### AG正常の代謝性アシドーシス

塩基の減少は塩基の喪失もしくは産生低下により生じます．

例えば，腸液は$HCO_3^-$を豊富に含む消化液であり，下痢などの病態では塩基喪失が生じます．また，腎臓の近位尿細管は$HCO_3^-$再吸収に重要な役割を担っており，ファンコーニ症候群などの近位尿細管機能障害は塩基喪失から代謝性アシドーシスを引き起こします．

一方，遠位尿細管機能障害は$HCO_3^-$産生低下による代謝性アシドーシスを生じます．同様に抗アルドステロン薬（スピロノラクトンなど）の投与などによる低アルドステロン状態でも代謝性アシドーシスが生じます．

その他，$HCO_3^-$を含まない輸液製剤を大量投与した場合も希釈による$HCO_3^-$濃度低下からAG正常の代謝性アシドーシスに繋がります．

### AGによる代謝性アシドーシス評価の落とし穴

健常動物においてAGの元になっている酸の大部分は，血中で陰イオンとして存在するアルブミンです．AGの正常値はアルブミンが正常であることを前提とした値であり，低アルブミン血症の症例ではAGが正常範囲であっても，測定できない異常な酸が増加している可能性はあります．低アルブミン血症は代謝性アシドーシスに加えて重症患者でよくみられる異常所見ですが，代謝性アシドーシスの評価を過小評価する可能性に繋がるため注意が必要です．

## 代謝性アルカローシスの病態解析

代謝性アルカローシスは「酸の減少」もしくは「塩基の増加」いずれかの病態です．酸の減少を引き起こす代表的な病態は嘔吐などによる胃酸喪失です．重度の胃液貯留や頻回の胃液抜去などでも同様に酸減少から代謝性アルカローシスが生じます．実はアルブミンも生体内で機能する重要な酸であり，低アルブミン血症は酸の減少を意味して代謝性アルカローシスを引き起こします．塩基の増加は多くの病態が存在し，循環血液量減少，低Cl血症，低K血症，フロセミドなど利尿薬の使用や高アルドステロン状態が挙げられます．

# 3. Stewart approachによる病態解析

## Stewart approachと従来法の違い

ここまで従来の酸塩基平衡評価法を述べてきました．Henderson-Hasselbalchの式に基づく従来法は生理学的な観点に基づいた妥当な評価法ではありますが，血液ガス分析が実施できないとわからない，輸液を含む治療との繋がりがわかりづらいなどの問題が存在します．これに対して血液検査の異常から酸塩基平衡異常にアプローチする考え方が**Stewart approach**です．強イオンアプローチなどという名称で呼ばれることもあります．体液を構成する水（≒水溶液）に溶け込んでいる電解質やアルブミン（≒色々な物質）がどのようにpH変化を起こすかという化学の考え方であり，酸塩基平衡の代謝性因子異常を定量的に把握するための強力な武器となります．全く別角度から酸塩基平衡異常を考えたものであり，従来法とStewart approachのいずれが正解というものではありません．同じ病態を別の理屈で説明することもありますが，混乱しないように気をつけてください．以降はStewart approachを解説しますが，わからないという時は思い切って結論だけを利用してください．それでも十分に役立ちます．

### SIDとは

　Stewart approachでは**強イオン差（strong ion difference: SID）**という概念を用います．強イオンとは，水に溶けたときにすべてがイオン化する物質です．一般的に存在する血中物質の場合，$Na^+$，$K^+$，$Ca^{2+}$，$Mg^{2+}$，$Cl^-$，$Lac^-$は強イオンです．SIDは以下の簡易式で表すことができます．

$$SID = Na^+ - Cl^- = リン酸イオン + アルブミンイオン + HCO_3^-$$

　健常動物では測定できない陽イオンと$K^+$，$Ca^{2+}$，$Mg^{2+}$などの陽イオン濃度の和が，測定できない陰イオン（$Lac^-$含む）濃度とほぼ同じであるため，簡易式が成立します（図5-3）．

　SIDを構成する主要な三つのイオン（リン酸イオン，アルブミンイオン，$HCO_3^-$）のうち，リン酸イオンとアルブミンイオンは弱イオンです．弱イオンとは水に溶けたときに一部だけがイオン化する物質であり，血中の無機リンやアルブミンは，一定の割合でリン酸イオンやアルブミンイオンとして存在します．残る$HCO_3^-$も弱イオンですが，従属因子である点が異なります．従属因子である$HCO_3^-$は，SIDの枠の中でリン酸イオンとアルブミンイオンの増減に従い，濃度変化を生じます．Stewart approachにおいて，$HCO_3^-$は体内のどこにでも存在する水と$CO_2$が反応することで増減する物質であり，その濃度調整は腎機能などに直接依存するものではないと考えます．この結果，SID減少や高リン血症は$HCO_3^-$の減少，すなわち代謝性アシドーシスに繋がる病態（図5-4）だとわかります．また，SID増加や低リン血症，低アルブミン血症は$HCO_3^-$の増加，すなわち代謝性アルカローシスに繋がる病態（図5-5）と容易に想像できます．従来法とは異なり，<u>$HCO_3^-$は陰イオンの数を陽イオンに合わせるための緩衝剤のような役割を担っており，SIDもしくは弱イオンが増減した分だけ$HCO_3^-$が増減した結果，酸塩基平衡が変化する</u>という点がStewart approachのユニークな点です．

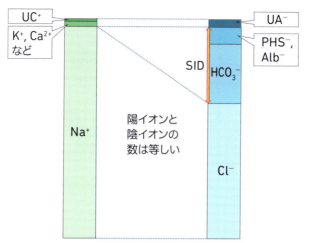

**図5-3 健常動物の血中電解質バランス**
UC⁺：測定できない陽イオン（H⁺など，無視できるほど微量），UA⁻：測定できない陰イオン（乳酸イオンを含む）
PHS⁻：リン酸イオン，Alb⁻：アルブミンイオン

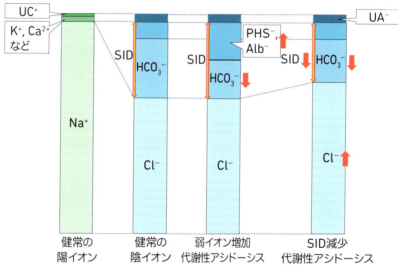

**図5-4 代謝性アシドーシス時の血中電解質バランス**
UC⁺：測定できない陽イオン（H⁺など，無視できるほど微量），UA⁻：測定できない陰イオン（乳酸イオンを含む）
PHS⁻：リン酸イオン，Alb⁻：アルブミンイオン

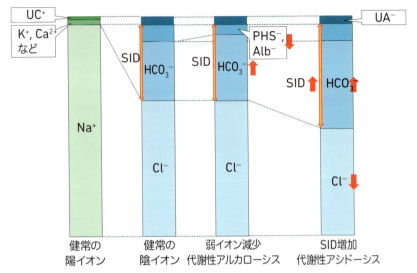

**図5-5** 代謝性アルカローシス時の血中電解質バランス
$UC^+$：測定できない陽イオン（$H^+$など，無視できるほど微量），$UA^-$：測定できない陰イオン（乳酸イオンを含む）
$PHS^-$：リン酸イオン，$Alb^-$：アルブミンイオン

## SIDの増減について

　簡易式からわかるように，SIDとは$Na^+$と$Cl^-$濃度の差です．血中濃度の正常値は$Na^+$が$Cl^-$よりも高く，SIDの正常値は犬で36 mEq/L，猫で29 mEq/Lほどとされています[3]．

　原因を問わずSID減少を引き起こす$Na^+$濃度の相対的減少もしくは$Cl^-$濃度の相対的増加により代謝性アシドーシスが生じます．先に紹介した塩基の減少による代謝性アシドーシスの病態である下痢や尿細管機能障害，低アルドステロン状態では，血液検査で$Cl^-$濃度の相対的増加が生じていることが多いです．

　逆に，SID増加を引き起こす$Na^+$濃度の相対的増加もしくは$Cl^-$濃度の相対的減少により代謝性アルカローシスが生じます．塩基の増加による代謝性アルカローシスの病態である嘔吐や循環血液量減少，低Cl血症，低K血症，フロセミドなど利尿薬の使用や高アルドステロン状態では，血液検査で$Cl^-$濃度の相対的増加が生じています．血中Cl濃度は軽視されがちですが，電解質を測定した際にはNaだけではなくCl濃度にも着目し，その差も確認してください．基礎疾患の診断・治療とは別に，一般的な電解質検査結果から酸塩基平衡異常の存在を疑い，治療することが可能です．

### SIDに基づく輸液選択

　Stewart approachを用いると輸液療法による電解質濃度変化が酸塩基平衡に影響することがイメージできます．つまり，輸液製剤の選択を行う際に水や電解質補正だけではなく，酸塩基平衡への影響も意識することが重要です．

　生理食塩液はNa：154 mEq/L，Cl：154 mEq/Lを含有する食塩水であり，SID＝0の輸液製剤です．またアルカリ化剤を含まないリンゲル液（Na：147 mEq/L，K：4 mEq/L，Ca：4.5 mEq/L，Cl：155.5 mEq/L）もSID＝0の輸液製剤です．これらの輸液製剤投与はSID低下に繋がります．低Cl血症などSID増加による代謝性アルカローシスの治療には適した輸液製剤ですが，SID正常もしくはSID減少の病態では代謝性アシドーシスを悪化させる不適切な輸液製剤となります．生理学的に説明すると，輸液によるCl過負荷に伴い高Cl性代謝性アシドーシスが進行したという理解になりますが，SIDに基づいて考えると理解が容易です．

　また，電解質を含まない5％ブドウ糖液は生理食塩液と同じくSID＝0の輸液製剤です．ブドウ糖は体内で水と炭酸ガスに代謝されるため，5％ブドウ糖液の投与は水投与と同義とされます．5％ブドウ糖液を輸液治療で用いることは稀ですが，酸塩基平衡に与える影響は生理食塩液と同じです．生理食塩液と5％ブドウ糖液を1：1で混ぜて作成した開始液もSID＝0の輸液製剤であり，過剰投与した場合は希釈性の代謝性アシドーシスが進行します．

　一方，アルカリ化剤添加のリンゲル液である乳酸リンゲル液などはSID＝30程度の輸液製剤です．SIDの正常値に近いことから酸塩基平衡異常を生じにくい輸液製剤といえますが，SID増加による代謝性アルカローシスの治療には不適切です．市販の開始液や維持液の多くはアルカリ化剤として乳酸イオンが添加されています．市販の開始液であるソルデム®1や維持液であるソルデム®3も乳酸イオンを添加することでSID＝20程度の輸液製剤となっているため，酸塩基平衡異常は生じにくい輸液製剤です．

　SID減少による代謝性アシドーシスの積極的な治療としては，SIDが高い薬剤を投与することが考えられます．具体的には重炭酸ナトリウム液です．8.4％重炭酸ナトリウム液には1,000 mEq/LのNa$^+$とHCO$_3^-$が含まれており，SID＝1,000です．強いNa負荷を伴う点に注意が必要ですが，SID減少による代謝性アシドーシスの治療に用いることができます．従来はHCO$_3^-$の

5　酸塩基平衡

補充剤と説明されますが，Stewart approachではSIDが高い薬剤という説明に変わります．

　輸液製剤の選択時は，電解質補正と酸塩基平衡への影響を同時に考慮する必要があります．SIDを意識しすぎるあまりNaやClの絶対値の異常が生じないように気をつける必要がありますが，血中と使用予定の輸液製剤のNaとClの絶対値に加えてSIDを意識した輸液製剤の選択を行うことで質の高い輸液療法を提供できます．

### 弱イオンの増減について

　SIDに含まれる弱イオンはリン酸イオンとアルブミンイオンの二つで，一般的な血液検査で測定可能です．ただし，血液検査で得られた無機リン濃度（mg/dL）とアルブミン濃度（g/dL）がSID内で$HCO_3^-$濃度に及ぼす影響を考えるためには単位を変換する必要があります．ヒトでは以下の簡易変換式が用いられます[4]．

**リン酸イオン濃度（mEq/L）＝血中無機リン濃度（mg/dL）× 0.6**
**アルブミンイオン濃度（mEq/L）＝ 血中アルブミン濃度（g/dL）× 2.8**

　例えば，腎不全で高リン血症が生じている場合，血中リン濃度が1 mg/dL上昇するごとに$HCO_3^-$濃度は0.6 mEq/L減少し，代謝性アシドーシスが進行することがわかります．また，何らかの病態で低アルブミン血症が生じている場合，血中アルブミン濃度が1 g/dL低下するごとに$HCO_3^-$濃度は2.8 mEq/L増加し，代謝性アルカローシスが進行することがわかります．実際の式はより複雑であり，また犬のアルブミン構造はヒトと若干異なるため，陰性荷電がヒトよりも強いと考えられています[5]．

### 測定できない酸の増加について

　従来法のAGと類似しますが，Stewart approachにおいても**強イオンギャップ（storong ion gap: SIG）**を用いて測定できない酸の増加による代謝性アシドーシスの存在を評価します（**図5-6**）．SIGは見かけ上のSIDと有効SIDの差で表されます．見かけ上のSIDとは$Na^+$と$Cl^-$濃度の差で算出されるいわゆるSIDです．一方，有効SIDとは弱酸と$HCO_3^-$濃度の和です．まとめると，

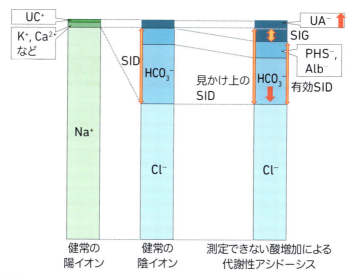

**図5-6** 測定できない酸の増加による代謝性アシドーシス時の血中電解質バランス

UC⁺：測定できない陽イオン（H⁺など，無視できるほど微量），UA⁻：測定できない陰イオン（乳酸イオンを含む）
PHS⁻：リン酸イオン，Alb⁻：アルブミンイオン，SID：強イオン差，SIG：強イオンギャップ

SIG＝見かけ上のSID－有効SID
見かけ上のSID＝Na⁺濃度－Cl⁻濃度
有効SID＝リン酸イオン濃度＋アルブミンイオン濃度＋HCO₃⁻濃度

になります．SIGの正常値は犬で-6〜4 mEq/L，猫で-2〜4 mEq/Lほどとされています[6]．SIGの増加は測定できない陰イオン増加，すなわち酸の増加を反映する変化です．SIGが増加している場合，組織低酸素時のLac⁻，糖尿病時のケト酸イオン，尿毒症時の硫酸イオンなどの増加や，中毒による異常な酸増加の病態を疑います．近年ではLac⁻が測定可能な施設も増えており，Lac⁻の増加は直接評価することも可能となっています．

## 高乳酸血症と乳酸アシドーシス

血中Lac⁻の上昇した病態を高乳酸血症と呼びます．実は，高乳酸血症には組織低酸素が関連するType Aと，組織低酸素が関連しないType Bが存在します．

Type Bは特殊な病態で，薬剤による解糖系の異常亢進やビタミンB1欠乏による乳酸処理能低下などが含まれます．血行動態が安定化している敗血症でも，解糖系の異常亢進による高乳酸血症持続や，ステロイド投与でもType Bの高乳酸血症が発生することが知られています．この場合の高乳酸血症は比較的に軽度であり，AGやSIGに従い多少の乳酸アシドーシスを生じる程度です．

　一方，組織低酸素を伴うType Aではより重度の代謝性アシドーシスを併発した高乳酸血症を生じることがほとんどです．いわゆる乳酸アシドーシスです．ICUの死亡率に関わる因子として高乳酸血症以上に乳酸アシドーシスの存在が重要視されています[7]．組織低酸素による乳酸アシドーシス時の代謝性アシドーシスの重篤度はAGやSIGで説明が困難なこともあります．短期的に急速に悪化する代謝性アシドーシスの多くは組織低酸素に起因するものと考えても問題ないかもしれません．このような乳酸アシドーシスへの治療は組織低酸素の改善が最優先です．一度，酸素供給が得られれば$H^+$や乳酸の代謝が進み，自動的に乳酸アシドーシスは改善します．

## COLUMN　嫌気代謝における乳酸の役割

　誤解されがちですが，高乳酸血症＝組織低酸素ではありません．代謝性アシドーシスを伴う高乳酸血症（乳酸アシドーシス）が組織低酸素の所見です．

　糖を用いたエネルギー産生経路には解糖系，TCA回路，電子伝達系があります．反応を簡便に説明すると，解糖系とTCA回路では糖から$H^+$と少量のATPを抽出し，最後に電子伝達系で$H^+$と$O_2$を反応させることで大量のATP産生を可能とします．組織低酸素となった場合，電子伝達系は止まり，$H^+$の処理が停滞して代謝性アシドーシスが進行します．

　解糖系とTCA回路ともに酸素は不要ですが，回路が動き続けるためには回路内の材料再生が必要になります．普段は電子伝達系の反応進行で解糖系とTCA回路で消耗された材料が再生されますが，嫌気条件では不可能となるためTCA回路も徐々に停止します．本来，解糖系も停止するはずですが，最低限のエネルギー産生を続けるために乳酸を

産生します．乳酸産生と言うと，嫌気代謝による老廃物でアシドーシスを引き起こすゴミのようなものと考えがちですが，解糖系でできたピルビン酸を乳酸に変換することで解糖系は回り続けるための材料を再生することが可能となります．つまり乳酸を作るおかげで，解糖系は非効率的ながらも嫌気条件下でATP産生し続けることができます．実は乳酸は悪者ではないのです．

　一度，酸素供給が得られれば電子伝達系が動くことで$H^+$の消費が進み，TCA回路も正常化，そして乳酸代謝も開始し，自動的に乳酸アシドーシスは改善します．

## 参考文献

1. Tamura J., Itami T., Ishizuka T., et al. (2015): Central venous blood gas and acid-base status in conscious dogs and cats, J Vet Med Sci. 77(7): 865-869
2. Johnson R.A., de Morais H.A. (2006): Respiratory acid-base disorders. In: Fluid, electrolyte and acid-base disorders in small animal practice., (DiBartola S.P. eds),.331-350
3. Russell K.E., Hansen B.D., Stevens J.B. (1996): Strong ion difference approach to acid-base imbalances with clinical applications to dogs and cats. Vet Clin North Am Small Anim Pract. 26(5): 1185-1201
4. 丸山一男. (2019): 酸塩基平衡の考え方. 南光堂
5. Fettig P.K., Bailey D.B., Gannon K.M. (2012): Determination of strong ion gap in healthy dogs. J Vet Emerg Crit Care. 22(4): 447-452
6. Hopper K., Epstein S.E., Kass P.H.,et al. (2014): Evaluation of acid-base disorders in dogs and cats presenting to an emergency room. Part 1: comparison of three methods of acid-base analysis, J Vet Emerg Crit Care. 24(5):493-501
7. Kohen C.J., Hopper K., Kass P.H., et al. (2018): Retrospective evaluation of the prognostic utility of plasma lactate concentration, base deficit, pH, and anion gap in canine and feline emergency patients. J Vet Emerg Crit Care. 28(1): 54-61

# 6章 電解質と輸液

## 1. 電解質異常の輸液

　各項目に示されている電解質濃度の基準値は一般的な参考値です．各施設でお使いの測定器の基準値も考慮の上，電解質異常を診断してください．

## 2. 高Na血症

### 定義
　血清Na濃度（[$Na^+$]）が犬で155 mEq/L以上，猫で162 mEq/L以上の場合，高Na血症と診断します．

### 臨床所見
　高Na血症では細胞外の浸透圧および張度が高くなっているため，細胞内から細胞外に水が移動します．この細胞内脱水の影響を最も受けやすいのが脳神経です．高Na血症によって認められる臨床症状は主に意識障害などの神経症状です．

　犬と猫では170 mEq/Lを超えると高Na血症の症状が現れる可能性があります．症状の現れ方は高Naの程度よりも進行速度に影響されます．

　犬や猫における高Na血症および高浸透圧症の臨床症状としては，食欲不振，無気力，嘔吐，筋力低下，行動の変化，見当識障害，運動失調，痙攣，昏睡，死亡などが報告されています．

### 鑑別
　高Na血症は以下の三つのタイプに分けて考えます（図6-1）．
　①水分もNaも減少するが水分減少がより顕著な低体液量（hypovolemic）タイプ
　②水分のみが減少する等体液量（normovolemic）タイプ

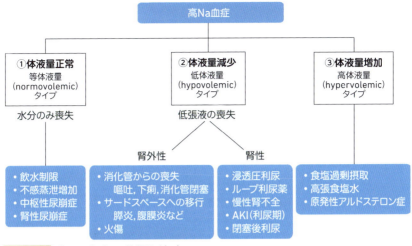

**図6-1** 高Na血症の分類と治療

③水分もNaも増えるがNa増加がより顕著な高体液量（hypervolemic）タイプ

### ①低体液量（hypovolemic）タイプ

低体液量（hypovolemic）タイプは腎性喪失と腎外性喪失に分けられます．腎性喪失は浸透圧利尿や閉塞後利尿でも生じます．腎外性喪失は嘔吐や下痢などの消化管からの喪失，膵炎や腹膜炎によるサードスペースへの喪失などです．細胞外の水分とNaが両方とも減少するため，細胞外の浸透圧の上昇は軽度で，細胞内から細胞外への水の移動は少量です．そのため，細胞外液が顕著に減少します（図6-2a）．

### ②等体液量（normovolemic）タイプ

等体液量（normovolemic）タイプは水の摂取が長時間できない状況や不感蒸泄の増加，尿崩症などで生じます．細胞外の水分のみが減少するため，細胞外の浸透圧が高まり，細胞内から細胞外へ水が移動します．そのため，細胞外液の減少は軽度で，身体検査上の体液量は正常となります（図6-2b）．

### ③高体液量（hypervolemic）タイプ

高体液量（hypervolemic）タイプは食塩過剰摂取や高張食塩水の投与，アルドステロン作用の増加で生じます．細胞外の浸透圧が上昇するため，細胞内から細胞外へ水が移動することで，細胞外液が増加します（図6-2c）．

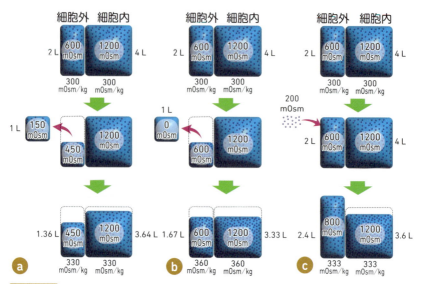

**図6-2** 高Na血症における水分動態
a 水分とNaを喪失した場合
b 水分のみを喪失した場合
c Naが過剰に供給された場合

## 治療

治療は原疾患の対応と輸液による水の補充です．

輸液による治療は，循環血液量（細胞外液量）の減少を伴っているか否かによって，初期対応が異なります．循環血液量の減少は，細胞内液の減少より緊急性が高くなります．そのため，循環血液量の減少がある場合には，まずは細胞外液の補充を行います．生理食塩液や乳酸リンゲル液などの細胞外液を補充します．

循環血液量（細胞外液量）の減少が顕著ではない場合や，細胞外液の十分な補充ができた後には5％ブドウ糖液の投与により細胞内液の補充も行います．

補充に必要な水分量を，以下の水分欠乏量の式から推定します．

$$\text{水分欠乏量(L)} = \text{体重(kg)} \times 0.6 \times \{\text{現在の血清}[Na^+] / \text{目標血清}[Na^+]) - 1\}$$

高Na血症を急激に補正してしまうと脳浮腫をきたす可能性があります．高Na血症により減少していた細胞内液が急速に補充されると，細胞が膨らみすぎて浮腫が生じてしまいます．特に慢性経過（48時間以上）の場合は脳の代償機構が働いて，脳細胞が膨らみやすくなっています．そのため，慢性

の高Na血症ではより時間をかけて補正する必要があります．急性か慢性かが不明な場合は，慢性として対応した方が無難です．

### 急性の場合

　必要な輸液量を水分欠乏量の式から予測し，24時間以内に投与することを目指します．

　神経症状が重度な場合には，5％ブドウ糖液を7〜10 mL/hで投与します．[Na$^+$]は30分から1時間おきにチェックします．[Na$^+$]の減少速度が最初の2〜3時間で2〜3 mEq/L/hとなるように輸液速度を調整します．

　神経症状がない場合，もしくは神経症状が落ち着いたら5％ブドウ糖液を3〜6 mL/hで投与します．[Na$^+$]の減少速度が2〜3 mEq/L/hを超えないように輸液速度を調整します．血清Na濃度を4〜6時間おきにチェックします．

### 慢性の場合

　水分欠乏量を{(現在の血清[Na$^+$]－目標血清[Na$^+$])×2}時間を目安に補充することを目指します．

　神経症状が重度な場合には，急性の場合と同様に5％ブドウ糖液を7〜10 mL/hで投与します．血清[Na$^+$]は30分から1時間おきにチェックします．[Na$^+$]の減少速度が最初の2〜3時間で2〜3 mEq/L/hとなるように輸液速度を調整します．

　神経症状がない場合，もしくは神経症状が落ち着いたら5％ブドウ糖液を1〜1.5 mL/hで投与します．[Na$^+$]の減少速度が2〜3 mEq/L/hを超えないように輸液速度を調整します．[Na$^+$]を4〜6時間おきにチェックします．[Na$^+$]の減少速度が0.5 mEq/L/hかつ24時間で10〜12 mEq/Lを超えないように輸液速度を調整します．

　血清[Na$^+$]の減少速度は動物の飲水量によっても左右されます．

　高Na血症の治療中にも水とNaの喪失が持続している場合(特に低体液性の高Na血症の場合)には，1号液の輸液が有効です．1号液は5％ブドウ糖液よりも細胞外への分布が多いため，現在進行形で喪失している細胞外液の補充をしつつ，細胞内液も補充することができます．5％ブドウ糖液以外の輸液製剤を使用する際の血清[Na$^+$]の変化量は次の式により推測します．

輸液製剤1L投与時の血清[Na⁺]変化量(mEq)＝{(輸液製剤に含まれる[Na⁺]＋[K⁺])－症例の[Na⁺]}／(体重(kg)×0.6＋1)

高体液量タイプの場合には輸液によって循環血液量が過剰にならないようにも意識しましょう．特に心疾患，腎疾患がある症例では注意が必要です．

# 3. 低Na血症

## 定義

血清Na濃度([Na⁺])が犬で140 mEq/L未満，猫で149 mEq/L未満の場合，低Na血症と診断されます．

低Na血症を見つけたら，まずは偽性低Na血症の除外を行います．通常の血液生化学検査では蛋白や脂質も含めた状態でNa濃度を測定します．そのため，血液中の水分に溶解している実際のNaの濃度より，やや低値になります．蛋白や脂質が高値の場合には，その影響が強く出てしまうため，実際は血漿に溶解しているNaの濃度が正常でも，検査値ではNaが低値になってしまします．これを偽性低Na血症と呼びます(図6-3)．この場合，低Naに対する対応は必要ありません．

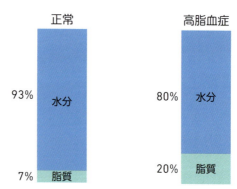

図6-3 高脂血症における血清Na濃度の測定

次に高浸透圧性低Na血症の除外を行います．これは重度の高血糖の際にみられることがあります．詳しくは8-5．高血糖緊急症への対応➡p146を参照ください．この場合は血糖コントロールと共に低Na血症が改善することが多いです．

　以上が除外された場合の低Na血症が，Na補正が必要となる低Na血症です．この場合，血漿浸透圧が低くなるため，低浸透圧性低Na血症と呼ばれます．血漿浸透圧の低下に伴い，細胞外から細胞内へ水が移動し細胞が膨化します．低Na血症による臨床症状は脳浮腫による脳圧亢進によって起こります．

## 臨床所見

　低Na血症による臨床症状は悪心，嗜眠，鈍麻，痙攣，昏睡などの脳圧亢進に伴う症状です．症状は急性の低Na血症の場合により顕著に現れます．同程度の低Na血症でも慢性の場合は，症状が軽微です．

## 鑑別

　低Na血症は以下の三つのタイプに分けて考えます（図6-4）．
①体液量減少を伴う低体液量（hypovolemic）タイプ
②体液量の変化を伴わない等体液量（normovolemic）タイプ
③体液量増加を伴う高体液量（hypervolemic）タイプ

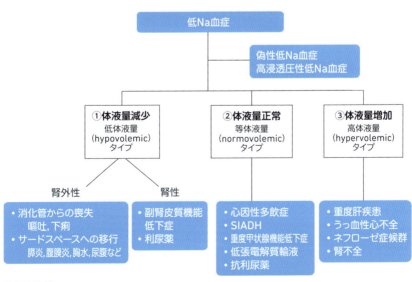

**図6-4　低Na血症鑑別のフローチャート**

また，いずれのタイプにおいても低Na血症の成因には抗利尿ホルモン（バソプレシン）が多くの場合，関与しています．

### ①低体液量（hypovolemic）タイプ

腎性もしくは腎外性に体液が喪失した場合に生じます．腎臓からのNa喪失は利尿薬の投与，副腎皮質機能低下症で生じます．腎外性は消化管内や，サードスペースへの喪失で生じます．また，体液の喪失による循環血液量の減少に伴い，バソプレシンの分泌が亢進した結果，水の再吸収が増加した場合，低Na血症はより重度となります．また，体液の喪失による飲水量の増加も血清[$Na^+$]低下の一因となります．

### ②等体液量（normovolemic）タイプ

心因性多飲症，抗利尿ホルモン不適合分泌症候群（syndrome of inappropriate antidiuresis: SIADH），重度甲状腺機能低下症，低張電解質輸液の不適切投与，抗利尿作用のある薬剤の投与で生じます．これらの状態では主に細胞内の水分増加が顕著なため，細胞外液の増加分は少なく，身体検査上の体液量過剰の所見が得られにくくなります．そのため，体液量の変化を伴わない低Na血症と分類されます．SIADHはヒトでは一般的な低Na血症の原因ですが，犬での報告は稀です．

### ③高体液量（hypervolemic）タイプ

重度肝不全，腎不全，ネフローゼ症候群，心不全で生じます．Naの増加よりも水の増加が顕著な場合に生じます．体液量が増加している場合の低Na血症では輸液の適応になることは少なく，利尿による水の排泄を行います．近年ではバソプレシン受容体拮抗薬による治療も報告されています．

## 治療

低Na血症に対するNa補正の原則は，ゆっくりと補正です．低浸透圧性低Na血症では，血漿浸透圧の低下により水は細胞外から細胞内に移動し，細胞は大きくなります．急激に血清[$Na^+$]が上昇すると，細胞内から細胞外へ水が移動し，細胞のサイズが縮小します．脳神経で急激な細胞サイズの減少が生じると，浸透圧性脱髄症候群を生じる可能性があります．特に慢性経過（発症から48時間以上）では，発症のリスクが高くなります．浸透圧性脱髄

症候群は補正後1〜数日で生じる様々な神経症状に特徴づけられます．以前は橋中心性脱髄症候群と呼ばれていたように，橋を中心とした部位に病変が認められます．

　体液量減少性の低Na血症では，輸液により循環血液量が増加することで，バソプレシンの分泌が減少し，低Na血症が改善することがあります．輸液製剤は症例の血清[$Na^+$]より10 mEq/L以内の高さのNa濃度の細胞外液を使用します．一般的な乳酸リンゲル液や酢酸リンゲル液のNa濃度は130 mEq/Lです．生理食塩液のNa濃度は154 mEq/Lです．他にもNa濃度が140 mEq/Lであるフィジオ®140（1％ブドウ糖加酢酸リンゲル液）などの製剤もあります．

### 輸液量の算定

　慢性経過の場合は，特にゆっくりと補正します．補正に必要なNa量は以下の式から算出します．

$$Na欠乏量(mEq) = 0.6 \times 体重(kg) \times ([Na^+]正常値 - 症例の[Na^+])$$

また，必要な輸液量は以下の式から算出します．

$$輸液製剤1L投与時の血清[Na^+]変化量(mEq) = \{(輸液製剤に含まれる[Na^+]+[K^+]) - 症例の[Na^+]\} / \{(体重(kg) \times 0.6 + 1)\}$$

　この必要量はあくまで目安です．治療中の症例の水やNa喪失量によっても，必要量は変わってきます．補正中は開始後1時間，2時間，以降4〜8時間おきに血清[$Na^+$]をチェックします．血清[$Na^+$]の上昇速度が0.5 mEq/L/hを超えないように，かつ最初の24時間で10 mEq/Lを，48時間で18 mEq/Lを超えないように補正します．

### 低Na血症の症状が顕著な場合

　急性経過（発症から48時間以内）や，慢性でも症状が顕著な場合には，より早い補正が求められます．急な補正による潜在的なリスクよりも，症状を放置するリスクが大きいと判断するためです．補正には高張食塩水が用いられます．高張食塩水は様々な濃度に調整できますが，まずは3％食塩水に調整して用いるのが一般的です．

症状が重度の場合は3％食塩水1〜2 mL/kgを10〜20分かけて投与します．血清[Na$^+$]が4〜6 mEq/L増加するまで，必要に応じて2〜4回繰り返し投与します．

症状が軽度の場合は3％食塩水を1〜3 mL/kg/hで持続点滴します．血清[Na$^+$]の増加速度が0.5〜2 mEq/L/hになるように調整しながら，2〜3時間または神経症状が改善するまで投与します．この場合でも補正速度が最初の24時間で10 mEq/Lを，48時間で18 mEq/Lを超えないようにします．補正中は開始後30分，1時間，2時間，以降4〜8時間おきに血清[Na$^+$]をチェックします．

Na補正中にも現在進行形で低Naが進行する場合もあります．予測よりもNa濃度が上がらないこともあると思います．そのような場合は血清[Na$^+$]をモニタリングしながら，必要に応じて投与するNaの濃度を調整しましょう．

### 利尿薬の投与

体液量が増加している低Na血症では原疾患の治療と，必要に応じて利尿薬の投与により治療が行われます．神経症状が重度な場合には利尿薬と高張食塩水を併用します．

### 低K血症の補正

低Na血症の補正を行う際に，低K血症も認められる場合はK補正も同時に行う必要があります．低K血症では細胞内の浸透圧が低下するため，水が細胞外に移動し血清[Na$^+$]が増加しにくくなります．また，K補正を行うことで，細胞内へのKの移動と細胞外へのNaの移動を促進促進し，血清[Na$^+$]が上昇しやすくなります．

---

**COLUMN**　　**3％食塩水**

低Na血症を補正する際に3％食塩水を使用しますが，3％に調整されている食塩水が市販されているわけではありません．10％食塩水は市販されているので，10％食塩水と0.9％食塩水（生理食塩液）を混合して調整します．

0.9％食塩水（生理食塩液）40 mLに10％食塩水12 mLを加えることで3％食塩水ができます．

3％食塩水のNa濃度とCl濃度はそれぞれ約510 mEq/Lとなります．

> **COLUMN　バソプレシン**
>
> バソプレシンはV1a受容体，V1b受容体およびV2受容体に作用します．V1a受容体は血管平滑筋に存在し，血圧の調整に関わります（7章ショックと循環評価➡p92も参照）．V2受容体は腎臓の集合管に存在し，バソプレシンの抗利尿ホルモンとしての作用に関わります．
>
> 抗利尿ホルモンであるバソプレシンは腎臓の集合管に作用して，水の再吸収を促進します．バソプレシンが集合管の水の再吸収のゲートを開くイメージです．
>
> 血漿浸透圧と循環血液量によってバソプレシンの分泌が調整されます．血漿浸透圧が低い場合にはバソプレシンは分泌されず，血漿浸透圧が上がるにつれてバソプレシンが分泌されます．バソプレシンにより集合管から水が再吸収されるので，血漿の水分が増加し，血漿浸透圧が下がります．
>
> 循環血液量の減少によってもバソプレシンは分泌されます．大動脈小体と頸動脈小体の圧受容器により血圧の低下が感知されると，脳は循環血液量が減少していると判断しバソプレシンを分泌します．バソプレシンにより集合管から水が再吸収され，循環血液量が増加します．

## 4．高K血症

### 定義

犬と猫ともに血清K濃度（[$K^+$]）5.5 mEq/L以上の状態が高K血症と定義されます．血清[$K^+$]が7.5 mEq/Lを超えてくると心機能が障害され，命の危険が生じる可能性があります．

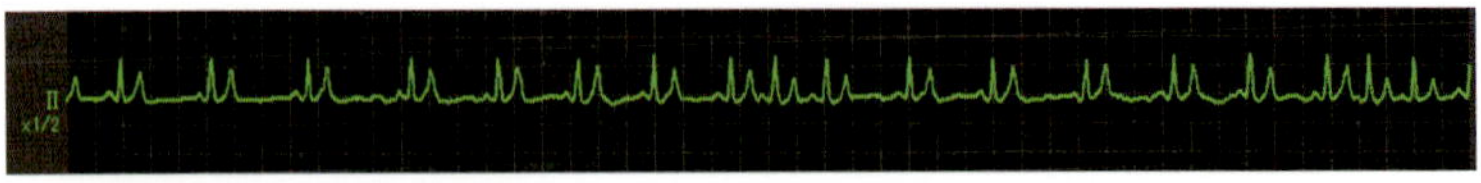

**図6-5** 高K血症（血清［K⁺］＝8.1 mEq/L）の犬の心電図
特徴的な増高して先の尖ったテント状T波がみられる.

## 臨床所見

　高K血症では静止膜電位が低下し（より正に近づき），閾膜電位との電位差が減少した結果，活動電位の発生に異常をきたします.

　高K血症の臨床所見は骨格筋の脱力と不整脈および心電図の変化です．心電図上の特徴的な変化としてはテント状T波（増高して先の尖ったT波）が生じることがありますが，必ずしも認められるわけではありません（図6-5）．より重度の場合，QRS幅の延長やP波の減高・消失，徐脈が生じます．適切な治療が行われなかった場合，最終的には致死性不整脈（心室頻脈，心室細動）にいたることもあります．高K血症による心筋への影響は他の因子（Ca濃度など）にも影響され，個体差があることも留意してください.

## 鑑別

　まずは偽性高K血症を除外します．偽性高K血症は採血時の溶血で赤血球内のK⁺が流出することで生じます．また，採血後から検査までに時間がかかって，白血球や血小板（特に白血球増多や血小板増多の場合）からK⁺が流出する可能性もあります．偽性高K血症が疑われる際には，溶血に注意して採血するとともに，採血後すぐに検査を行いましょう.

　濃厚赤血球（packed red blood cell: pRBC）は保存期間とともにK濃度が上昇することが知られています．そのため，濃厚赤血球の輸血時にも高K血症が生じることがあります.

　偽性高K血症が除外された後には，以下の鑑別を行います（図6-6）.

### ①Kの摂取過剰

　腎機能に問題がない場合には，経口のK摂取量が過剰となっても，腎臓からのK排泄が増加するため高K血症となることは稀です．K摂取過剰で多いのは，K⁺を多く含む輸液製剤の投与による医原性高K血症です.

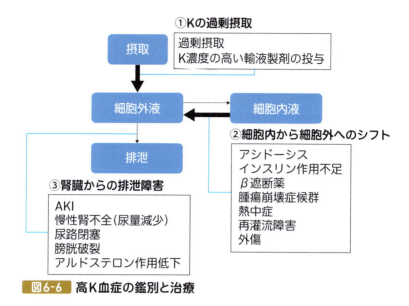

図6-6 高K血症の鑑別と治療

## ②細胞内から細胞外へのシフト

アシドーシス，インスリン不足，β遮断薬により細胞内から細胞外へ$K^+$が移動するため，血清$[K^+]$が上昇します．また，腫瘍崩壊症候群，再灌流障害，外傷，熱中症などでは，死滅した細胞内の$K^+$が放出されることで高K血症となります．

## ③腎臓からの排泄障害

腎機能と尿量が正常の場合，ある程度のK摂取過剰や細胞内からのシフトにより血清$[K^+]$が上昇しても，速やかに腎臓から体外へ$K^+$が排泄され，臨床的に問題となることは稀です．高K血症が持続する場合，泌尿器系に何らかの問題がある場合が多いです．

通常，慢性腎不全ではK排泄バランスが保たれていることも多いのですが，腎前性の循環血液量減少による尿量減少や，腎不全末期の乏尿の状態になるとK排泄が追いつかなくなり高K血症となります．急性腎障害では高K血症がより頻繁に認められます．腎障害により代謝性アシドーシスが重度な場合は，細胞内からの$K^+$シフトも加わり，高K血症がより重症化しやすくなります．

尿管閉塞や尿道閉塞，膀胱破裂などの尿路障害によってもKが排泄されず高K血症となります．

副腎皮質ホルモンであるアルドステロンは腎臓からのK排泄を促進します．そのため，副腎皮質機能低下症や低アルドステロン症の他，ACE阻害薬やア

ンジオテンシンII受容体拮抗薬（ARB）の投与によってアルドステロン作用が欠乏し，高K血症が生じることがあります．

## 治療

　高K血症の重症度および原疾患によって対応は異なります（**表6-1**）．

　輸液によるK過剰投与であれば，Kを含まない輸液製剤やK濃度の低い輸液製剤に切り替えることで，血清[$K^+$]は時間とともに低下します．Kを含まない輸液製剤として生理食塩液が用いられることがあります．ただし，生理食塩液はCl濃度が非常に高いため，大量輸液を行った場合，高Cl性代謝性アシドーシスが生じる可能性があります．アシドーシスは細胞内から細胞外へ$K^+$を移動させるため，血清[$K^+$]が低下しにくくなるリスクがあることに注意しましょう．

　腎前性の尿量減少が高K血症の一因である場合，静脈内輸液を行い尿量が増加するだけで，Kの排泄量が増え血清[$K^+$]が低下することも多いです．反対に循環血液量が十分にある状況で乏尿から無尿の場合には，輸液により静脈うっ血が進行し，腎障害が増悪する場合もあります．体液量過剰が疑われる場合にはループ利尿薬の投与を試みます．ループ利尿薬は遠位尿細管におけるK排泄を増加させることで血清[$K^+$]を低下させます．腎障害の際の輸液量の調整に関しては8-3．急性腎障害への対応➡p132をご参照ください．

**表6-1** 高K血症の治療

| 薬剤 | 投与量 | コメント |
| --- | --- | --- |
| グルコン酸カルシウム<br>「カルチコール®」 | 1〜1.5 mL/kg<br>5〜10分かけて静脈内投与 | 心電図と血圧をモニタリングしながら投与 |
| レギュラーインスリン<br>および50％ブドウ糖液 | レギュラーインスリン0.2〜0.5 IU/kg静脈内投与<br>およびインスリン1 IUあたりブドウ糖液2 g静脈内投与 | 投与後は血糖値をモニタリング<br>50％ブドウ糖液は20〜25％に薄めて投与 |
| 50％ブドウ糖液 | 0.7〜1 g/kg<br>3〜5分かけて静脈内投与 | |
| 重炭酸ナトリウム<br>「メイロン®」 | 1〜2 mEq/kg<br>15分以上かけて静脈内投与 | |
| ループ利尿薬<br>（フロセミド） | 2〜4 mg/kg静脈内投与 | 循環血液量減少時には禁忌 |

### 緊急治療

不整脈や心電図の変化を伴うような中等度から重度の高K血症（おおよそ血清[K⁺]が6.5 mEq/Lから7.0 mEq/L以上）では，致死性の不整脈を防ぐための緊急治療を同時に行わなければいけません．特に心電図上の変化が認められる場合は，すぐに処置を行います．

1. まずはグルコン酸カルシウムの投与により，膜電位の安定化を行います．Caを投与することにより，高Kにより減少した静止膜電位と閾膜電位の電位差が正常に近づくため，膜興奮性が安定します（図6-7）．グルコン酸カルシウムの投与は，あくまで一時的に致死性不整脈の発生を防ぐための処置です．血清[K⁺]を低下させる効果はありません．グルコン酸カルシウムの効果は投与後すぐに発現します．ただし，作用持続時間は30〜60分です．グルコン酸カルシウムの作用が持続しているうちに血清[K⁺]を下げる処置を行います．

2. 次に細胞外のK⁺を細胞内へ移動させることで血清[K⁺]を低下させる処置を行います．

   細胞内へK⁺を移動させるためにインスリンの投与を行います．静脈内投与が可能で作用時間の短いレギュラーインスリンを使用します．ただ，インスリンの投与のみでは低血糖が生じてしまうため5％ブドウ糖液も同

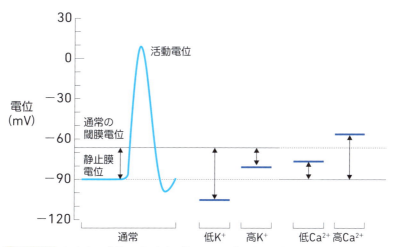

**図6-7 血清[Ca²⁺]と血清[K⁺]による膜電位の変化**
血清[K⁺]に従って閾膜電位が変化し，血清[Ca²⁺]に従って静止膜電位が変化します．グルコン酸カルシウムの投与により血清[Ca²⁺]が上昇し，閾膜電位は減少します．それにより高Kにより減少した静止膜電位との電位差が正常化します．

時に投与します．このインスリンとグルコースの投与はGI療法と呼ばれます．GI療法を行った後は必ず血糖値のモニターを行いましょう．インスリン投与による低血糖がより懸念される場合にはブドウ糖液の投与のみを行い，内因性のインスリン分泌を催すこともできます．

　重炭酸ナトリウムの投与も$K^+$を細胞内へ移動させることで血清[$K^+$]を低下させます．重炭酸の投与による細胞外のpH上昇に対して，細胞内から細胞外に$H^+$が放出されます．その際に$H^+$と交換で$K^+$が細胞内に取り込まれます．重炭酸ナトリウムを投与した際には血清[$Na^+$]が上昇し浸透圧が上がることにも注意しましょう．

3. 可能であれば体外へのK排泄を試みます．高K血症の原因が尿路閉塞であれば閉塞を解除するなど，原疾患の治療とともにK排泄が解決できることもあります．

　体液過剰の場合はループ利尿薬の投与を行います．

　上記のすべての治療によっても高K血症の治療が達成できない場合は透析を行います．透析の種類には腹膜透析と血液透析があります．血液透析の方がK除去効率に優れますが，実施可能な施設は限られます．

# 5. 低K血症

## 定義

　犬と猫ともに血清K濃度([$K^+$])3.5 mEq/L未満の状態が低K血症と定義されます．

## 臨床所見

　低K血症の症状は血清[$K^+$]が3.0〜2.5 mEq/Lまで低下すると生じる可能性が高くなります．低K血症が影響する臨床症状は，一般的に筋力低下，不整脈として認められます．また，腎機能や酸塩基平衡の異常も認められることがあります．

　Kは心筋や骨格筋の静止膜電位の維持に必要なため，低K血症では骨格筋の麻痺や筋力低下，不整脈や心電図の異常波形が認められます．猫では頸部の筋力低下により，頭をうなだれるような特徴的なポーズが認められることがあります(図6-8)．心筋では再分極の延長，自動能の亢進により上室

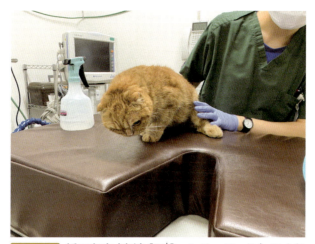

**図6-8** 低K血症（血清[$K^+$]＝1.5 mEq/L）により筋力低下を呈した猫

頸部筋肉の脱力により，特徴的な頭をうなだれた姿勢が認められます．
呼吸筋の筋力低下も生じており，換気不全（$PaCO_2$＝87 mmHg）も認められました．

性および心室性の頻脈性不整脈が生じ，心電図ではQT間隔の延長やT波の減高など様々な波形の変化が起こりえますが，高K血症に比べると特異的な所見に乏しいかもしれません．

　低K血症では抗利尿ホルモンへの反応性の低下により，尿量の増加と尿濃縮能の低下が認められることがあります．

　低K血症はアルカローシスの結果として生じることがありますが，低K血症自体が代謝性アルカローシスの原因ともなります．

## 鑑別

　低K血症の鑑別は以下の三つが考えられます（図6-9）．

### ①摂取不足

　食事によるK摂取不足や消化管からの吸収不全により生じます．食欲不振の症例に，Kを含まない製剤を輸液すると医原性低K血症を引き起こす可能性があります．

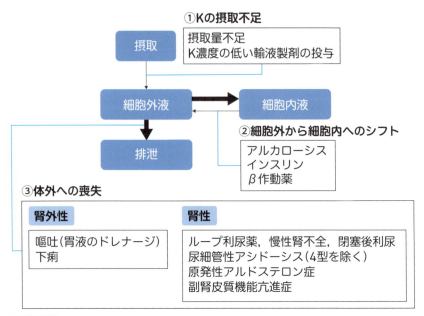

**図6-9** 低K血症状の鑑別とその原因

### ②細胞外から細胞内へのシフト

　アルカローシス，インスリン，$\beta_2$アドレナリン作動薬により細胞内にKが取り込まれるため血清[K$^+$]が低下します．インスリンによる低K血症は，糖尿病に治療のためのインスリン投与の他にも，リフィーディング症候群（➡p164）によっても生じます．

### ③体外への喪失

　腎性排泄と腎外性排泄があります．腎外性排泄は消化管からの排泄増加で，嘔吐や下痢で生じます．消化液中にはK$^+$が豊富に含まれているため，嘔吐や下痢が続くと血清[K$^+$]が低下します．嘔吐による低K血症は唾液や胃液に含まれるKの喪失に加えて，胃酸の喪失によるアルカローシスが低K血症を促進させます（図6-10）．

　腎性喪失は，ループ利尿薬などによる薬剤性，慢性腎不全，閉塞後利尿，（4型を除く）尿細管性アシドーシス，高アルドステロン（原発性アルドステロン症，副腎皮質機能亢進症）で生じます．腎臓は尿中への電解質の排泄量を調整しますが，尿のK排泄量をゼロにすることはできません．そのため，多尿を生じる様々な病態で腎性喪失による低K血症が生じる可能性があります．

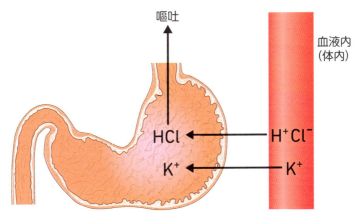

**図6-10 嘔吐によるKと胃酸の喪失**
繰り返す嘔吐では低K血症と同時に低Cl血症と代謝性アルカローシスを併発することがあります．胃酸（HCl）の喪失により血中のH$^+$とCl$^-$が減少し，低Cl血症と代謝性アルカローシスが生じます．胃液のドレナージを繰り返した場合も同様のことが生じます．

## 治療

　原疾患の治療とK補充を行います．K補充は経口投与による補充と，輸液による経静脈補充があります．

　K補充を行う基準値は症状の有無や低K血症の原疾患によって異なります．無症状で軽度の低K血症では治療を必要としない場合もありますが，少なくとも血清［K$^+$］が3.0 mEq/L以下ではK補充を行います．もともと頻脈性の不整脈がある症例や肝性脳症の症例など，低K血症の高リスク症例ではより早めのK補正が必要となります．

　K補正の速度は臨床症状（心電図や筋力）をモニタリングしながら決定します．K補正はゆっくりと補正することを心がけます．特に静脈輸液によるK補正では，過剰補正による，致死的な医原性高K血症にならないよう注意が必要です．絶対に原液のままの投与はやめましょう．他の輸液製剤に混ぜて使用してください．

　血清［K$^+$］別による輸液製剤のK補正量の目安を**表6-2**に示します．Kの補正速度が0.5 mEq/L/hを超えないように注意しましょう．特に大量輸液時にはK濃度を高くしすぎないように注意が必要です．人医療では投与時の疼痛や動脈硬化のリスクから静脈内に投与するK濃度が60 mEq/Lを超えないことが推奨されていますが，犬や猫でも同じことが当てはまるかは不明です．

**表6-2** K補充のための輸液中K補正量の目安

| 血清K濃度<br>(mEq/L) | 輸液中のK濃度<br>(mEq/L) |
| --- | --- |
| 3.5〜4 | 20 |
| 3〜3.5 | 30 |
| 2.5〜3 | 40 |
| 2〜2.5 | 60 |
| <2 | 80 |

血清[$K^+$]別にK補正量を調整します．ベースとなる輸液製剤にKが含まれている場合には，元々入っているKと合わせて表の濃度となるようにします．
この表のK濃度はあくまで目安です．個々の症例の状態に合わせて補正量を調整してください．特に高K血症になるリスクがある場合は，表より少なめの濃度で開始し，必要に応じて再調整します．
K投与速度が0.5 mEq/L/hを超えないように輸液流量に気をつけましょう．

　乏尿時や副腎機能不全（低アルドステロン）が疑われる症例などでは，K補充による高K血症のリスクがより高くなります．K補正量は控えめにし，より慎重なモニタリングを行いましょう．

　糖尿病性ケトアシドーシスの症例に対するインスリンの投与時に，インスリンの投与速度によっては，Kの補正速度が0.5 mEq/L/hでも足りなくなることがあります．その際には例外として0.5 mEq/L/hを超える速度でのK補正を行うことがあります．

### 低Mg血症

　低K血症を呈する一部の症例では低Mg血症も併発していることがあります．低Mg血症が疑われる場合には，Mg補充も同時に行うと，血清[$K^+$]が上昇しやすくなります．血清Mg濃度は必ずしも生体内で活性を持つイオン化マグネシウムの濃度を反映するわけではありません．そのため，血清Mg濃度が正常であってもMg補充が必要なこともあります．K補充に反応が悪い場合は，血清Mg濃度が高値でなければ，Mg補充を検討しましょう（**表6-3**）．

### K製剤の選択

　静脈内投与用のK製剤にはKCl（塩化カリウム）とアスパラカリウム（アスパラギン酸カリウム）があります．KClは$Cl^-$が含まれているため，低Cl性代謝性アルカローシスを伴う低K血症の際にはClの補充もできます．また，$Cl^-$の

表6-3 Mg補正量

|  | mEq/kg/h | mEq/kg/day |
| --- | --- | --- |
| 急速補正 | 0.03〜0.04 | 0.75〜1 |
| 緩徐補正 | 0.013〜0.02 | 0.3〜0.5 |

|  | mEq/kg | 投与時間 |
| --- | --- | --- |
| Emergency/Loading | 0.15〜0.3 | 5分〜1時間 |

硫酸マグネシウムもしくはMgCl2を生理食塩液で希釈して投与します．
細胞内へMgが取り込まれ，細胞内外の濃度が平衡に達するまでに24時間以上かかるので，Mg投与は最低24時間継続します．
緊急時には5分〜1時間かけてLoading量を投与し，その後CRIを継続します．

投与により細胞内の$K^+$が細胞外へ移動するため血清$[K^+]$が上昇します．そのため，緊急性が高い場合にはKClによる補正が適しています．反対に血清$[Cl^-]$濃度の上昇を避けたい場合にはアスパラカリウムによる補正が好まれます．

　K製剤を混合するベースとなる輸液製剤には，糖を含まない輸液製剤の方が血清$[K^+]$の上昇が得やすくなります．糖を多く含む輸液製剤を投与するとインスリン分泌が促進され，$K^+$の細胞内へのシフトが生じてしまい，血清$[K^+]$が上がり難くなる可能性があります．

　軽度の低K血症（3.0〜3.5 mEq/L）で，安定して給餌が可能な症例では，Kの経口補充も可能です．0.5〜1.0 mEq/kgを1日1〜2回投与でスタートして，必要に応じて調整します．

## COLUMN　低K血症と肝性脳症

　低K血症では腎臓の近位尿細管におけるグルタミン分解が亢進します．
　また，低K血症は代謝性アルカローシスを生じることがあります．アルカローシスは$NH_4^+ \rightarrow NH_3 + H^+$の変換を増加させます．そのため，低K血症およびアルカローシスは肝性脳症の増悪因子となります．肝性脳症のリスクが高い症例が低K血症になった場合には，早めのK補充を行いましょう．

# 7章 ショックと循環評価

## 1. ショック

　ショックとは重要臓器への血流が維持できなくなり，細胞代謝に必要な酸素供給が満たされなくなった結果，臓器障害が生じ命の危険に及びうる急性の症候群のことです．

　ショックの初期蘇生の最も優先される目標は平均血圧（mean atrial pressure: MAP）を65 mmHg以上に保つことです．

### 分類

　ショックはその病態から，一般的に四つの型に分類されます（**表7-1**, **図7-1**）．重要な点として，これらのタイプごとに輸液の必要性が異なることに注意しましょう．

　循環血液量減少性ショック（hypovolemic shock）と血液分布異常性ショックの場合は輸液が適応です．

**表7-1** ショックの分類

| タイプ | ショックの要因 | 代表的な病態 |
| --- | --- | --- |
| ①循環血液量減少性 | 前負荷の減少 | 出血<br>重度の嘔吐・下痢，多尿，摂水障害，体腔内や間質などの血管外への水分漏出 |
| ②血液分布異常性 | 後負荷の減少<br>前負荷の減少 | 敗血症<br>アナフィラキシー |
| ③心外閉塞・拘束性 | 物理的血流障害 | 緊張性気胸<br>心タンポナーデ<br>肺動脈塞栓<br>胃拡張・胃捻転症候群 |
| ④心原性 | 心収縮能の低下<br>心拡張能の低下<br>心拍数の減少 | 心筋症・弁膜症・心膜炎などの心疾患<br>不整脈 |

正常な血液循環

❶循環血液量減少性ショック

血液量の減少
（出血など）

❷血液分布異常性ショック

末梢血管への過剰な血液分布
（血管拡張など）

❸心外閉塞・拘束性閉塞性ショック

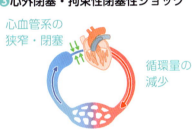

心血管系の
狭窄・閉塞

循環量の
減少

❹心原性ショック

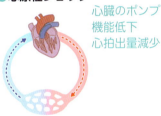

心臓のポンプ
機能低下
心拍出量減少

**図7-1 ショックの病態**
イラスト提供：いのぼん

　心外閉塞・拘束性ショックは病因により輸液の適応が異なります．胃拡張・胃捻転症候群では後大静脈からの血液の阻害が生じているため，循環血液量を回復させるためには，前肢もしくは頸静脈から輸液を行う必要があります．肺血栓栓塞症では，輸液による前負荷の増加は肺高血圧を増悪し，右心内腔の拡大とそれに伴う左室の圧排を生じる可能性があるため，輸液を行う際には注意が必要です．右心内腔の拡大により左心室が圧排されるような状況では，むしろ利尿薬による前負荷の減少が必要となることもあります．

　心原性ショックでは輸液が不適であることが多く，場合によっては輸液することで逆に病態が悪化する可能性があります．そのため，ショックが疑われ

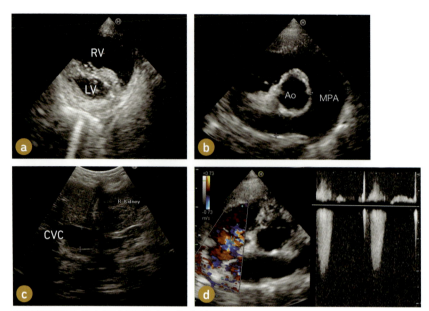

**図7-2** 肺高血圧を示唆する超音波所見
a 右心室（RV）の拡大による中隔の扁平化と左心室（LV）の圧排
b 拡張した肺動脈（MPA）
c 拡張した後大静脈（CVC）
d 三尖弁逆流

肺高血圧が顕著な場合，輸液や血管収縮薬の投与は病態を増悪させる可能性が高いです．肺高血圧が疑わしいときは心エコー検査にてしっかり鑑別をしましょう．

る症例の処置を行う際には，輸液を行う前に心原性ショックでないことを確認することが重要です．心原性ショックの診断には聴診や脈の触診などの身体検査，point of care超音波検査による心臓の評価が有用です（図7-2）（7-3．超音波検査による循環の評価➡p107を参照）．心原性ショックの場合は，原因として不整脈があれば抗不整脈薬の投与を，心収縮能の低下があれば強心薬（ドブタミンなど）の投与を検討します．

ここでは蘇生輸液が必要となることが多い，循環血液量減少性ショックと血液分布異常性ショックに関して説明します．

## 循環血液量減少性ショック

循環血液量が減少する原因が出血の場合には血球成分も含めた全血成分が失われます．

消化管液や尿，不感蒸泄の増加，胸水や腹水の貯留，間質への水分漏出

などにより循環血液量が減少する非出血性の場合には水分を含めた血漿成分の一部が喪失します．

治療は輸液による循環血液量の補充と，現在進行形の出血であれば出血のコントロールが必要となります．

循環血液量の補充には，まずは乳酸リンゲル液などの細胞外液を犬では10〜30 mL/kg，猫では5〜20 mL/kgを10〜20分かけて静脈内へ投与します．細胞外液の投与後には心拍数，血圧，乳酸値，超音波検査（心室拡張末期径，後大静脈径）の再評価を行い（表7-2），循環血液量の不足が改善していないなら，引き続き輸液負荷を繰り返します．

細胞外液のショック用量として犬で90 mL/kg，猫で60 mL/kgといわれますが，いきなりこの用量の投与が必要になることは稀です．上記下線部の用量で2〜3回繰り返し投与しても改善が認められない場合には，昇圧薬の使用や他の輸液製剤（血液製剤含む）の使用を検討しましょう．

輸液負荷の第一選択は細胞外液ですが，現在進行形の大量出血時には，細胞外液を投与すればするほど凝固因子の希釈が進行し，より出血が止まりにくくなる可能性があります．その場合は可能な限り早期の止血の達成と輸血が必要となります．輸血は成分輸血であれば，赤血球輸血のみならず，凝固因子の補充のために血漿輸血（新鮮凍結血漿）も行うことが望ましいで

**表7-2　循環血液量減少性ショックの重症度別のバイタル所見**

| パラメータ | 正常 | 軽度 | 中等度 | 重度 | 備考 |
|---|---|---|---|---|---|
| 心拍数（回/分） | 犬：60〜120 猫：170〜220 | 増加 | 増加（猫は低下する場合あり） | 増加もしくは低下 | 年齢，体格，環境により差が大きい |
| 粘膜色 | ピンク | やや薄ピンク | 薄ピンク | 灰〜白色 | |
| CRT（秒） | 1〜2 | 2 | 2〜3 | 3< | |
| 呼吸数（回/分） | 12〜40 | 増加 | 増加 | 増加もしくは低下 | |
| 体温 | 37.5〜39.1 | 正常もしくは上昇 | 正常もしくは低下 | 低下 | 猫の低体温はショックの可能性大 |
| 意識状態 | | 抑うつ（傾眠） | 傾眠〜混迷 | 混迷〜昏睡 | |
| 四肢冷感 | なし | なし | あり | あり | |

す．もちろん新鮮全血でも凝固因子の補充は可能です．

## 血液分布異常性ショック

　血液分布異常性ショックには敗血症性ショックとアナフィラキシーショックが挙げられます．ここでは敗血症性ショック時の対応を中心に説明します．

　敗血症性ショックの治療は感染のコントロールと循環の維持です．感染のコントロールは適切な抗菌薬の使用と，可能であれば感染源の除去を試みます．

　血液分布異常性ショックでは様々なメディエーターの作用により血管が拡張することで後負荷が破綻します．また，血管床が増大することで相対的な循環血液量の不足が生じ前負荷も低下します．そのため，血液分布異常性ショックの場合も，循環の維持のため，初期蘇生として輸液負荷を行います．循環血液量減少性ショックの時と同様に，輸液製剤の第一選択は乳酸リンゲル液などの細胞外液です．細胞外液を犬では10〜30 mL/kg，猫では5〜20 mL/kgを10〜20分かけて静脈内へ投与します．血液分布異常性ショックの場合でも血圧などをモニターしながら，必要に応じて輸液負荷を繰り返しますが，過負荷にも注意しなくてはなりません．

　敗血症性ショックなどの血液分布異常性ショックでは，他の形態のショックに比べ，炎症メディエータの活性化が苛烈であることが多く，血管内外の水分透過性を調整するグリコカリックスの減少が生じています．その結果，敗血症性ショックでは血管外への液体成分の漏出が生じやすく，これも前負荷が減少する要因の一つとなります．また，血管透過性の亢進は間質液の増加（浮腫）や肺水腫の誘因となります．

　グリコカリックスは細胞外液の投与量が多いほど減少しやすいことが知られています．血管透過性の亢進した状況において輸液は浮腫の増悪を生じる可能性があるため，敗血症性ショックにおいては輸液不足だけではなく輸液過多も予後悪化因子です．

　敗血症性ショック時の輸液の安全域は非常に狭く，厳密な管理が求められます．輸液投与中は血中乳酸値や超音波検査による循環血液量の評価を繰り返し行い，輸液過多になっていないかに注意しながら，輸液の投与速度を調整しましょう．

## COLUMN　輸液の投与速度

輸液の投与速度を三つのステージに分けて考えてみましょう（**表7-3**）．

### 蘇生輸液

循環血液量減少性ショックや血液分布異常性ショックなど，循環血液量が不足し，生命を維持するための心拍出量が保てない恐れがある際に行う輸液のことを**蘇生輸液**と呼びます．蘇生輸液の目的は前負荷を増加させることで1回拍出量を増やし，全身への酸素供給を回復させることです．

輸液製剤は基本的には細胞外液を使用しますが，細胞外液のみで蘇生が難しい場合には膠質液や高張食塩水が使われることもあります．また，出血などで水分以外の血液成分も失われている際には輸血が行われます．

### 補充輸液（補正輸液）

血液の水分や電解質が不足している際に，不足分を補充する目的で行う輸液を**補充輸液**または補正輸液と呼びます．現時点で不足している水分量を数時間かけて補充するのと同時に，維持輸液量分も合わせて投与速度を決定します．また，現在進行形で水分の喪失が顕著な場合（嘔吐，下痢，多尿，サードスペースへの漏出など）は，その喪失分も含めて輸液速度を決定します．不足している水分量は4～24時間をかけて補充します．おおよそ5～10 mL/kg/h程度の輸液速度で補充することが多いですが，補充するスピードは個々の症例の病態や基礎疾患によって異なります．補充輸液中も体液量の変化をモニタリングし，必要に応じて輸液量を調整しましょう．

輸液製剤は細胞外液を使用します．電解質の異常もある場合には，必要に応じて輸液製剤の電解質を調整します．

### 維持輸液

現時点で水分や電解質に不足はないものの，十分な経口摂取がで

きないため，今後不足が生じる恐れがある際に行う輸液が**維持輸液**です．尿や不感蒸泄などで失われる水分を補う速度で輸液を流します．

　食欲不振や絶食時などに行います．傾向の水分補給やリキッドのフードを与える際には，その水分量も維持輸液量に含めて計算します．

　輸液製剤の種類は病態によって，細胞外液，1号液，3号液を使い分けます．

**表7-3 投与速度による輸液の分類**

| | 流量 | 時間 | 備考 |
|---|---|---|---|
| 蘇生輸液 | ・犬：15〜20 mL/kg<br>・猫：5〜10 mL/kg | 15分かけて | 一度の投与で足りない場合は，必要に応じて繰り返し投与 |
| 補充輸液 | ・水分不足量＋維持輸液量<br>・水分不足量（mL）＝体重（kg）×脱水の程度（％） | 4〜24時間かけて<br>（病態によって様々） | 現在進行形の水分喪失量も考慮 |
| 維持輸液 | ・犬：132×体重(kg)$^{0.75}$/24h<br>　（およそ2〜5 mL/kg/h）<br>・猫：80×体重(kg)$^{0.75}$/24h<br>　（およそ2〜3 mL/kg/h） | 24時間かけて | 必要な維持輸液量は，若齢では多く，老齢では少ない |

## 人工コロイド液（人工膠質液）

　人工コロイド液の使用は効率的な血管内容量の増加が望める反面，腎障害や凝固障害を生じる可能性があるため，現状ではその使用に賛否があります．

　また，ショック時には等張晶質液（細胞外液）と比較して循環血液量増加効果に優位性は示せなかったとの報告もあります．

　人工コロイド液の投与量は各製品によって異なりますが，近年よく使われているボルベン®の場合，犬で30〜50 mL/kg，猫で20〜30 mL/kgが1日の投与量の上限です．通常は1回5〜10 mL/kgを投与し，必要に応じて繰り返し投与します．

## 新鮮凍結血漿・アルブミン製剤

　新鮮凍結血漿およびアルブミン製剤の使用も循環血液量を等張晶質液よりも効率的に増加させる効果が期待できます．

　また近年，新鮮凍結血漿やアルブミン製剤による血管内皮のグリコカリックス保護作用が報告されています．前述したように敗血症性ショックでは血管透過性が亢進し，血管外へ水分が漏出しやすくなります．細胞外液の投与量が多くなると，より血管透過性が亢進します．このような状況では細胞外液を投与しても，循環血液量はあまり増えず，間質の浮腫ばかりが悪化していくという状況に陥ることがあります．そのため，敗血症性ショック時に細胞外液液の大量投与を行っても，血管外への水分漏出により循環血液量が確保できない場合には，新鮮凍結血漿の使用を検討します．

　新鮮凍結血漿は10〜15 mL/kgを目安に使用します．他の血液製剤と同様に，0.5〜1.0 mL/kg/hで持続投与を開始し，副反応のチェックをしながら必要に応じて徐々に投与速度を増加させます．

　海外では犬アルブミン製剤が使用されますが，日本国内では入手できません．国内ではヒトアルブミン製剤が使用可能ですが，犬や猫へのヒトアルブミン製剤は免疫反応が生じるリスクがあります．他の手段がない場合に，リスクを把握した上で使用を検討しましょう．

## 循環作動薬

　ショックの初期投与として輸液蘇生を行った後も血圧の上昇が得られない場合には循環作動薬の投与を行います（表7-4）．特に敗血症性ショックでは血管収縮薬の使用が必要になることが多く，日本版敗血症診療ガイドライン2024においても「低血圧を伴う敗血症に対する初期蘇生において，蘇生輸液と並行して，早期に血管収縮薬を投与することを弱く推奨する」と記載されています．ただし，循環血液量の不足した状態での血管収縮薬の使用は臓器虚血を増長してしまう可能性もあります．そのため，十分な輸液の投与を行いつつ，血管収縮薬を併用することが重要になります．

　血管収縮薬としてはノルアドレリンやドパミンが使用されます．薬の第一選択はノルアドレナリンです．0.1 μg/kg/minの速度で持続投与を開始します．投与を開始したにもかかわらず目標血圧を達成できない場合はノルアドレナリンの投与速度を増加させます．0.1→0.2→0.3 μg/kg/minとノルアドレナリンを増量してもMAP≧65 mmHgを達成しない場合，バソプレシン

### 表7-4 血管収縮薬の種類と用量

| 薬剤 | 心収縮力 | 心拍数 | 体血管抵抗 | 血圧 | 投与量 | 備考 |
|---|---|---|---|---|---|---|
| ノルアドレナリン | ↑ | 不定 | ↑↑↑ | ↑↑↑ | 0.1〜2.0 µg/kg/min | 低用量からスタートし，必要に応じて徐々に用量を上げる |
| バソプレシン | → | ↓ | ↑↑ | ↑↑ | 0.5〜5 mIU/kg/min | ノルアドレナリンに反応しない場合にバソプレシンを追加 |
| アドレナリン | ↑↑↑ | ↑↑↑ | ↑↑↑ | ↑↑↑ | 0.05〜1 µg/kg/min | ノルアドレナリンにバソプレシンを追加しても血圧が維持できない場合にアドレナリンを追加 |
| ドパミン | ↑↑ | ↑↑ | ↑↑ 低用量では↓ | ↑↑ | 5〜20 µg/kg/min | 低用量（〜10 µg/kg/min）では強心作用が顕著，高用量（10 µg/kg/min〜）では血管収縮作用が顕著 |
| ドブタミン | ↑↑ | ↑ | ↓ | 不定 | 3〜20 µg/kg/min | 低用量からスタートし，必要に応じて徐々に用量を上げる |
| ピモベンダン | ↑↑ | → | ↓ | 不定 | 0.15 mg/kg 静脈内投与 q8h | |

の併用を検討します．ノルアドレナリンの反応が悪い場合には，別の機序の昇圧薬としてバソプレシンを併用します．ショックが遷延した場合，内因性のバソプレシンが枯渇していることがノルアドレナリン抵抗性の原因の一つと考えられます．そのため，ノルアドレナリンへの反応が悪いショックの場合にはバソプレシンの併用が推奨されます．バソプレシンは0.5 mIU/kg/minから投与開始します．

　ノルアドレナリンとバソプレシンを併用しても血圧維持が困難となった場合はアドレナリンのCRIを開始します．アドレナリンは血管収縮作用のみならず，強力な強心作用も有するため心拍数の増加が生じやすく，また不整脈が発生しやすいため，慎重なモニターの上で使用します．

　敗血症性ショックの際には，心機能障害による明らかな心収縮の低下が認

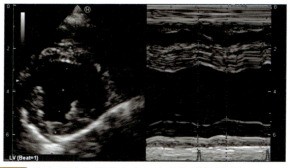

**図7-3 敗血症性心筋症の犬の右傍胸骨短軸像**
敗血症ショックとともに心機能障害が認められたため，敗血症の治療とともにドブタミンとピモベンダンを投与し，心機能は4日ほどで回復しました．このような状況では輸液忍容性が低下しており，過剰投与にならないよう厳密な調整が必要となります．

められる場合があります．この場合，強心薬としてドブタミンを使用します．ドブタミンは3〜5 μg/kg/minから使用を開始します．

敗血症性ショックに伴う心機能低下（敗血症性心筋症）が認められる場合があります．この場合，強心薬としてドブタミンが第一選択となります．ドブタミンは3〜5 μg/kg/minから使用を開始します．人医療においては敗血症性心筋症に対するCa感受性増強薬であるレボシメンダンが用いられることがあります．犬では心停止後心筋障害の症例報告においてドブタミンとピモベンダンの併用で良好なコントロールを得たとの報告もあり[1]，敗血症性心筋症においてもドブタミンとピモベンダンの併用が有効な可能性が示唆されます（図7-3）．

## COLUMN γ（ガンマ）計算

カテコラミンなどの循環作動薬をCRIする際にはγ（ガンマ）をいう独特の単位が用いられることがあります．1γ＝1 μg/kg/min です．

たとえば，体重6 kgの動物に，ノルアドレナリンを0.1γで投与する場合の計算をしてみましょう．ノルアドレナリンは100倍希釈して使うとします．希釈の程度は症例の体重次第で調整してください．

0.1γ＝0.1 μg/kg/minなので，体重6 kgで1時間（60分）の流量は，0.1 μg/kg/min×6 kg×60 min/h＝36 μg/hとなります．

ノルアドレナリン（1 mg/mL）を100倍希釈すると10 μg/mLとなるので，36 μg/h÷10 μg/mL＝3.6 mL/hです．

　体重6 kgの症例に，ノルアドレナリンを0.1γで投与するには，100倍希釈したノルアドレナリンを，シリンジポンプを使って3.6 mL/hの流速でCRIすることになります．

## COLUMN　前負荷・後負荷

　心臓の1回拍出量を規定する因子は前負荷，後負荷および心収縮力です．ここでは前負荷と後負荷について考えてみましょう．

　前負荷は心臓が収縮する直前に心筋にかかる負荷で，後負荷は心臓が収縮した直後に心筋にかかる負荷のことです．厳密に言うと，前負荷と拡張末期左室内圧と拡張末期容量によって，後負荷は収縮末期左室内圧と収縮末期容量によって規定されます．実際には拡張末期左室内圧は拡張末期容量によって決まるので，前負荷は容量負荷であると考えることができます．また，後負荷は収縮末期容量，つまり左室の死腔によっても変化しますが，収縮末期圧に大きく影響されます．左室収縮末期圧は収縮期血圧に置き換えて考えられるので，後負荷は血圧による圧負荷であると考えることができます（図7-4）．

　前負荷と心拍出量の関係はFrank-Starlingの法則で横軸を前負荷として表されます．静脈灌流量が増加して前負荷が上がると心拍出量が増えます（図7-5）．（8-2．うっ血性心不全への対応➡p127）血圧が上昇し後負荷が上がると心拍出量が減ることがあります．「血圧＝心拍出量×血管抵抗」の式からわかるように，血圧は心拍出量によって作られます．それなのに，血圧（後負荷）が高いと心拍出量が減るというのは，因果関係が逆になってわかりにくいかと思います．あまりにも血圧（後負荷）が高い場合には，心臓から血圧を送り出す力が後負荷に負けてしまい，収縮しきれないために心拍出量が減ってしまうということです．

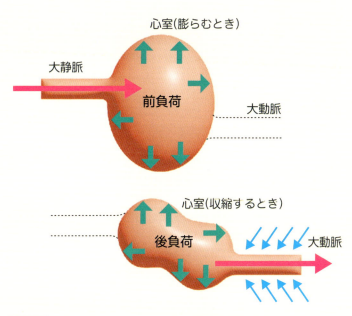

**図7-4** 前負荷と後負荷のイメージ図

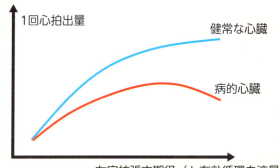

**図7-5** Frank-Starlingの法則に基づく心拍出量変化
健常な心臓（青線）では循環血液量増加に対して心拍出量が増加しやすいですが，病的心臓（赤線）では心拍出量増加に乏しく，むしろうっ血が悪化します．

　この後負荷による心拍出量の変化は元々の心機能に大きく影響されます．心機能が正常の場合はよほどの高血圧にならないと変化が表れません．一方，心機能が低下している症例では後負荷の上昇がすぐに心拍出量低下に繋がります（図7-6）．このような理由から，心臓に

103

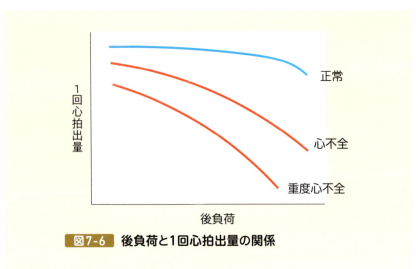

図7-6 後負荷と1回心拍出量の関係

問題がある動物を治療する際は後負荷の上昇に気をつけなければなりません．

> COLUMN **ノルアドレナリン投与による前負荷の変化**

　ノルアドレナリンなどの血管収縮薬は動脈だけではなく，静脈系の血管も収縮させます．容量血管である静脈系の血管床が収縮することにより，静脈灌流量が増え，前負荷が増加します．

　ノルアドレナリンの投与は，後負荷の増加だけではなく，前負荷が増加することによる心拍出量の増加も加わって効率的な血圧上昇が得られます（図7-7）．

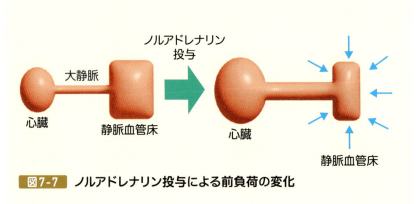

図7-7 ノルアドレナリン投与による前負荷の変化

# 2. ショック時のモニタリング

　ショックが疑われる場合には，初期蘇生と並行して原疾患の特定と重症度評価も同時に行いましょう．まずバイタルのチェックにて循環に問題があるかを評価します．心拍数，血圧，脈圧の質，呼吸数，体温，四肢の冷感の有無，可視粘膜色，毛細血管再充満時間（CRT），意識状態を評価し，状況に応じてこれらの項目の評価を繰り返します．

　意識状態の変化は「パッと見」で判断でき，また非常に重要なチェック項目です．意識レベルが低下している場合には，何かしらの問題が生じている可能性が非常に高いです．ショックにより意識レベルが低下している場合，意識レベルとショックの重症度は比例します．軽度〜中等度のショックでは沈鬱や意識混濁がみられ，重症の場合は昏睡・混迷状態となります．

　四肢の冷感も重要なチェック項目です．四肢末端が冷たいということは，末梢循環が維持できていない可能性を示唆します．循環不全で四肢が冷たくなっている動物に治療介入を行うと，循環の改善とともに四肢末端に温かみが戻ってきて，治療がうまくいっている事の指標にもなります．

　循環を評価する指標には平均血圧（MAP）を用い，60 mmHg以下の場合ショックが疑われます．ただし，普段から高血圧の症例においては，MAPが60 mmHgを下回っていなくてもショックである可能性もあります．ショックか否かの判断は意識状態や尿量低下などのバイタル所見から総合的に考えましょう．

　ショックの初期には代償機構が働くことによって，血圧を保とうとします（代償期）．しかし病態が遷延した場合，代償機構は破綻し，非代償性のショックとなります．

　ショックの代償機構には様々な機序がありますが，心拍数増加もその一つです．犬では血圧低下に対して心拍数が増加することが多くみられます．血圧がギリギリで保たれている場合でも，頻脈となっている時は，ショックの可能性を考慮して対応しましょう．

　原疾患の特定のためにはバイタルの評価に加えて，画像検査が有用です．X線検査では体腔内への液体貯留や消化管の拡張の有無，心陰影の大きさなどを評価します．超音波検査では心内腔のサイズや大静脈径から循環血液量の推定を行います．また，心原性ショックや心タンポナーデ，肺血栓塞

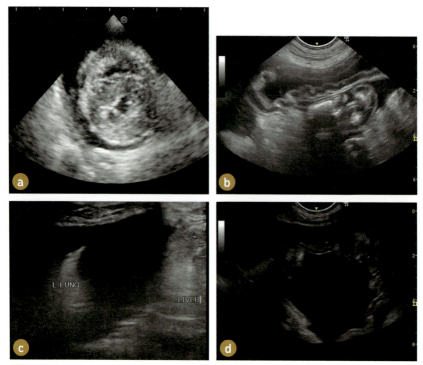

**図7-8 体腔内の液体貯留**
a 心嚢水貯留
b 十二指腸内の液体貯留と腹水
c 胸水貯留
d 胃内の液体貯留と腹水

栓症では心エコー検査が診断・治療のために必須です（図7-8）．体腔内への出血や消化管内の液体貯留，腫瘍内における出血の有無も超音波検査にて評価します．

## 乳酸値

　組織灌流の評価のために血液ガス分析にて乳酸値の測定を行うことも重要です．

　循環不全により組織低酸素が生じた場合，細胞の内呼吸に必要な酸素が不足し，嫌気代謝が増加します．その結果，嫌気代謝の産物である乳酸の合成が増加し，血中の乳酸濃度が上昇します．そのため，乳酸値の上昇は組織への酸素供給不全，つまりショックであることの指標となります．乳酸の正常値は2 mmol/L以下であり，目安として3〜5 mmol/Lで軽度，5〜7 mmol/Lで中等度，7 mmol/L以上で重度の高乳酸血症と判断し

**表7-5　乳酸アシドーシスのタイプ分類**

| Type A：組織低酸素 | Type B：その他 |
|---|---|
| ショック<br>● 臓器低灌流<br>● 低酸素血症（PaO2＜40 mmHg）<br>● 貧血（Ht＜15％）<br>● 筋活動 | 1：基礎疾患に関連<br>　● 糖尿病<br>　● 肝不全<br>　● 腫瘍<br>　● 敗血症<br>　● 褐色細胞腫<br>　● チアミン欠乏症<br>2：中毒<br>3：先天性疾患 |

TypeAは組織低酸素に由来するもので，酸素需給バランス不足による嫌気代謝の亢進によって起こります．
TypeBはそれ以外の原因によるもので，組織低酸素を是正した後も乳酸が高値の場合はTypeBの関与を疑います．

ます．

　敗血症および敗血症性ショックの国際的なガイドラインSepsis-3においてもショックの判定基準に高乳酸血症が含まれています．また，ショックの治療開始後に再測定し，乳酸値の改善が得られているか否か（乳酸クリアランス）で治療効果の判定を行うことが推奨されています．

　ただし，乳酸値の上昇はショックによる循環不全以外によっても起こることがあります．乳酸値は組織低酸素以外の要因（腫瘍，肝不全，腎不全，チアミン欠乏など）によっても上昇することがあります（表7-5）．乳酸値以外のパラメータから総合的に評価し，ショックを脱したと判断したのちにも高乳酸血症が持続する場合には，組織低酸素以外の要因が関与している可能性も疑いましょう．

# 3．超音波検査による循環の評価

　ショックが疑われる症例に遭遇した場合に，超音波検査によるpoint of care検査が有用です．
　ショックの原因を超音波検査にて探索する手法は人医療ではRUSH examなどが知られており，獣医療においてもGlobal FASTなどがあります．

表7-6 ショックのタイプ別の超音波検査所見

|  | 循環血液量減少性 | 心原性 | 心外閉塞・拘束性 | 血液分布異常性 |
|---|---|---|---|---|
| 心エコー | 心室内腔狭小 | 収縮低下（十分な心室内容量がある状態において） | 心嚢水貯留（心タンポナーデ）右室負荷，肺高血圧（肺動脈血栓） | 心室内腔狭小 収縮低下 |
| 胸部・腹部エコー | 後大静脈虚脱 胸水・腹水貯留 消化管内液体貯留 | 後大静脈拡張 胸水貯留 腹水貯留 肺水腫（Bライン） | 後大静脈拡張 胃ガス貯留（胃拡張） | 大静脈正常もしくは虚脱 胸水・腹水貯留（血管透過性亢進） |

表の所見を必ずすべて伴う必要はありませんが，表の所見があった場合にはそれぞれのタイプのショックを疑います．

表7-6はショックの各タイプで認められる超音波検査の所見をまとめたものです．

急性期に超音波検査を行う際には，時間をかけて詳細な計測を行っている余裕がない状況にあると思います．この場合に重要なことは，動物に負担をかけないよう，無理のない体勢で迅速に検査を行うことです．

心エコーでは，心内腔のサイズ，収縮力を評価することで，循環血液量の過不足と心原性ショックの可能性を調べます．また，心嚢水の有無や右心負荷所見を確認することで心外閉塞・拘束性ショックを除外します．ショックが疑われる状況では，細かな数値の計測を行っている余裕は（時間的にも動物の状態的にも）ありませんし，必要もありません．「パッと見」の評価でも得られる情報は多々あります．

心エコーにより循環血液量の評価も行います．左心室を長軸断面や短軸断面で見て，収縮末期に内腔がほとんど潰れてしまうような場合には循環血液量の減少が疑われます（図7-9）．ただし，全身性高血圧や猫の肥大型心筋症では，もともと内腔が狭小化しているため，心内腔サイズによる循環血液量の判断が困難です．

後大静脈（CVC）径も循環血液量の評価のために測定します．CVCが虚脱している場合，循環血液量が減少している可能性が高くなります．ただし，犬では体格や犬種によってCVC径に個体差があり，絶対値での評価が難しいこともあります．肝門部でCVCを描出すると，並走する大動脈（Ao）も観察で

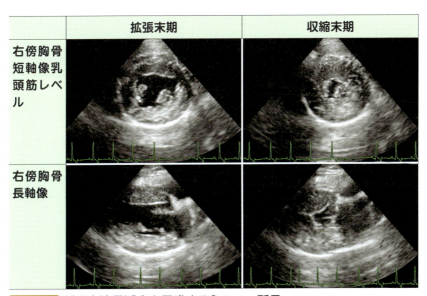

**図7-9 循環血液量減少を示唆する心エコー所見**
左心室の虚脱を評価する明確な数値はありませんが，この図のように収縮末期に内腔がほぼ潰れるようであればボリューム不足と判断できます．
ただし，もともと全身性高血圧や猫の肥大型心筋症などがある場合，心エコーによる評価が当てにならないこともあります．

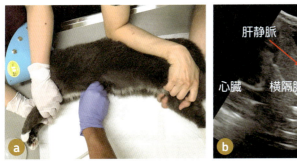
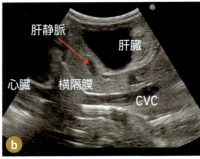

**図7-10 CVC径の計測法（横隔膜レベルにおける測定）**
a プローブを剣状突起尾側に当てて肝臓越しに横隔膜を描出します．
b CVCを長軸方向で描出した図．肝臓から横隔膜を経て心臓に戻るCVCが観察できます．
横隔膜レベルにおけるCVCは，胸が深い犬種や，腹部を切開した手術直後などでは描出しにくいことも多くあります．また，CVCが虚脱している際には観察が難しいこともあります．肝静脈を追っていくとCVCが発見しやすくなります．

きるので，後大静脈/大動脈比（CVC/Ao）を計算することで，より信頼性の高い評価ができます（図7-10, 11）．
　CVCの呼吸性変動からも輸液反応性が予測できます（図7-12）．呼吸性

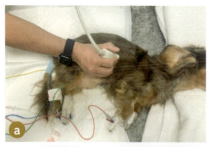
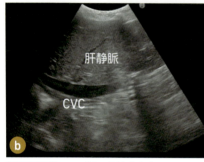
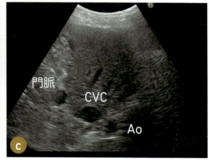

**図7-11 CVC径の計測法（肝門部レベルにおける測定）**
a　プローブを右肋間に当て，肝門部を描出します．
b　CVCを長軸方向で描出した図
c　CVCとAoを短軸で描出した図．図の右側が背側となっています．最も背側寄りの深いところに大動脈（Ao）があり，そのやや腹側にCVC，さらに腹側に門脈（PV）が観察できます．

猫ではCVC最大径のカットオフ値を0.22 cmとして，それ以下で輸液反応性ありとを評価します[2]．後大静脈径/大動脈径比 CVC/Aoのカットオフ値は犬で0.83として，それ以下で輸液反応性ありとを評価します[3]．

　変動がほとんどないほどCVCが拡張している場合は輸液反応性がなく，CVCが呼吸性に変動する余裕がある場合は輸液反応性がありと判断します．
　ただし，循環血液量が極端に低下していて，CVCが高度に虚脱してしまっている場合にも，変動するほどの血管内容量がなく，呼吸性変動を認め難くなることがあります．
　CVCは陽圧換気などの胸腔内圧上昇や右心不全によっても拡大することに留意してください．
　もう一つの大事な点は，体液過剰の確認です．体液過剰を示唆する超音波検査所見としては，肺野のB-lineの増加，腹水および胸水の貯留，CVC径の過度の拡張などです．特に僧帽弁閉鎖不全症で心拡大が顕著な場合や，右心機能が低下している場合には，輸液忍容性が低下しているのでより注意が必要です．

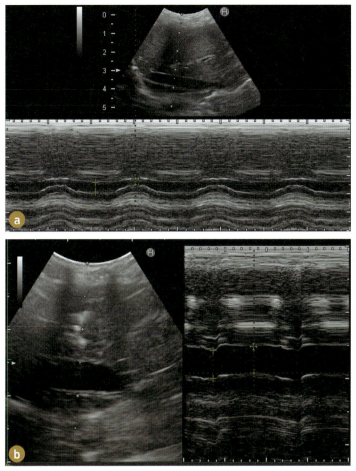

**図7-12 CVC径呼吸性変動率の計算**
a 呼吸性変動ありの猫の画像（変動率 36.5%）
b 呼吸性変動なしの犬の画像（変動率 4.7%）

肝臓内のCVCを長軸で描出し，Mモードにて記録します．呼吸性に変動するCVC径の最大径と最小径を計測します．変動率は（最大径－最小径）/最大径×100です．変動率の輸液反応性のカットオフ値は自発呼吸の犬で26.7%，猫で31%との報告があります[2, 4]．カットオフ値以上の場合輸液反応性があると判断されます．CVCがパンパンに張っていて，ほとんど呼吸性変動がない状態では輸液反応性がないと判断します．ただし，変動率は呼吸様式にも大きく影響され，輸液反応性の指標として有用か否かは状況に左右されます．

　心内腔やCVC径が拡張してきた場合には循環血液量の過多を疑います．特にCVCとCVCに流入する肝静脈までが拡張している場合には，中心静脈圧も上昇している可能性が高いため，輸液負荷は控えるべきです（図7-13）[5]．
　超音波検査による循環血液量の評価は，あくまでも定性的な評価であり，

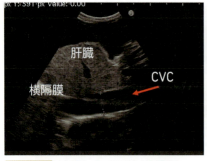
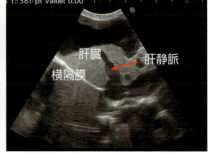

**図7-13 拡張したCVCと肝静脈**

横隔膜レベルで描出するとCVCと肝静脈が確認できます．CVCと肝静脈までが拡張している場合には中心静脈圧が上昇している可能性が高いです．過剰輸液の他，胸腔内圧上昇や右心不全などで認められます．

超音波検査単体では循環状態を把握するには限界があります．バイタル所見や各種検査所見とあわせて輸液治療の方針を決定しましょう．

> ## COLUMN 輸液反応性・輸液必要性・輸液忍容性
>
> 　急性期の輸液療法で用いられる用語に輸液反応性，輸液必要性，輸液忍容性があります．これらの考え方を意識することが，適切な輸液を行うために重要です．
>
> 　**輸液反応性**とは輸液負荷により心拍出量が増加することを指します．輸液反応性はFrank-Starlingの法則（図7-5）にて説明できます．図の青線（健常な心臓）の場合，輸液負荷により前負荷を増加させると1回拍出量も顕著に増加します．一方，赤線（病的心臓）の場合，輸液負荷により前負荷が増加したとしても，1回拍出量はあまり増加しません．青線のような場合を輸液反応性あり，赤線のような場合を輸液反応性なしと呼びます．青線の場合は輸液負荷を行うことで循環不全が改善される可能性があるので，輸液負荷が合理的な治療法であると判断されます．赤線の場合，輸液による治療上のメリットは少なく，場合によってはうっ血などの有害事象を生じる可能性もあります．
>
> 　**輸液必要性**という言葉もあります．これはそのまま輸液が必要であるか否かです．輸液の目的が循環動態の改善である場合，輸液必要

性とは循環不全の有無を判断することになります．輸液必要性がなければ輸液の急速投与は必須ではありません．

　例えば心エコー検査で心内腔もCVCも虚脱気味な術後の症例がいたとします．しかし，心拍数も血圧も安定していて，尿量も最低量は確保できています．この場合，循環血液量の不足が疑われますが，循環不全はなく，輸液必要性は低いと判断します．

　仮に輸液反応性があったとしても，この症例のように輸液必要性が低ければ，維持量の輸液を継続すればよく，輸液の増量は不要と判断されます．

　**輸液忍容性（fluid tolerance）** は近年提唱された概念です．ショック時に輸液負荷をしていても血圧が上がらないとか，AKIに対して輸液をしていても尿が出ないなど，輸液量が増えていくシチュエーションがICUでしばしばあります．当然ですが，際限なく輸液量を増やせるわけではありません．輸液過剰によるうっ血は肺水腫やAKIの増悪などの致命的な合併症のリスクであり，予後を悪化させることが明らかとなっています．輸液忍容性とは臓器障害を引き起こすことなく輸液負荷に耐えられる程度のことです．例えば，敗血症や急性呼吸窮迫症候群（ARDS）などの炎症反応が苛烈な病態では血管透過性が亢進しており，輸液忍容性が低い状態にあると推測されます．また，肺高血圧が疑われる症例では輸液により右心不全が生じやすいため，輸液忍容性が非常に低くなっています．このような輸液忍容性が低いと考えられる状況では，呼吸状態や心エコーをチェックすることで輸液過剰になっていないかをこまめに評価します．

　急性期の輸液療法では，これらの概念を意識することで，適切な輸液量を過不足なく投与することを意識しましょう．

### 参考文献

1. Magagnoli I, Romito G, Troia R, et al. (2021): Reversible myocardial dysfunction in a dog after resuscitation from cardiopulmonary arrest, J Vet Cardiol. 34:1-7

2. Donati P., Tunesi M., Araos J. (2023): Caudal vena cava measurements and fluid responsiveness in hospitalized cats with compromised hemodynamics and tissue hypoperfusion, J Vet Emerg Crit Care. 33(1):29-37
3. Rabozzi R., Oricco S., Meneghini C., et al. (2020): Evaluation of the caudal vena cava diameter to abdominal aortic diameter ratio and the caudal vena cava respiratory collapsibility for predicting fluid responsiveness in a heterogeneous population of hospitalized conscious dogs, J Vet Med Sci. 82(3):337-344
4. Donati P., Guevara J., Ardiles V., et al. (2020):Caudal vena cava collapsibility index as a tool to predict fluid responsiveness in dogs. J Vet Emerg Crit Care. 2020 Nov;30(6):677-686
5. Nelson N.C., Drost W.T., Lerche P., et al. (2010): Noninvasive estimation of central venous pressure in anesthetized dogs by measurement of hepatic venous blood flow velocity and abdominal venous diameter, Vet Radiol Ultrasound. 51(3):313-23

# MEMO

# 8章 代表的なシチュエーションごとの輸液

## 1. 周術期の対応

　周術期における輸液管理を術前，術中，術後の三つのフェーズに分けて考えて行きましょう．従来行われていた周術期の輸液療法では予防的に輸液を多く投与する傾向にありました．しかし，予防的に過剰投与した輸液は血行動態にメリットをもたらすことはなく，むしろ血管透過性を亢進して浮腫の原因となることで周術期合併症を引き起こすことがわかっています．現在の周術期輸液の考え方では，飲食の不足分や周術期に失われた体液を治療として補充することが一般的です．周術期の輸液管理では体液の維持，特に循環血液量の維持が重要な治療目標となります．

### 術前の輸液管理

　適切な術前安定化を行うことで周術期合併症を減少することができます．基本的には健康状態が良好な犬猫であるほど麻酔に伴う合併症は少ないと考えられますが，多くの場合は健康ではない犬猫に対して，検査や治療を目的として麻酔を行う必要があります．この際は可能な範囲で全身状態の安定化を図ります．緊急手術においては術前に十分な脱水改善や電解質異常の補正を行うことが難しい場合もありますが，術前に最低限改善するべき問題は高K血症と循環血液量減少です．特に，血中K濃度が7.5 mEq/Lを超えると重度の難治性徐脈，徐脈性不整脈や心停止などの重篤な合併症を生じやすく，大変危険です．麻酔開始前にK補正を行い，可能であれば5.5 mEq/L以下まで下げた状態で麻酔を行えれば安心です．高K血症に対する補正法については，6-4. 高K血症➡p81に記載しています．

　もう1点は循環血液量減少の改善ですが，その判断については第7章の循環血液量減少性ショックに記載されている重症度別のバイタル所見（表7-2）を参考にしてください．軽度から中等度の循環血液量減少では，生体の交感神経反射による心拍数増大，末梢血管収縮や心収縮力増大による代償反応によって血圧が正常範囲に維持されていることが一般的です．一見血圧が維

持されているからといってすぐに麻酔を開始すると，麻酔薬による血管拡張作用や心抑制作用により代償反応が一気に破綻し，急激かつ重度の低血圧が生じます．時には致命的な合併症へと発展しますので，麻酔前の循環血液量減少に対する評価と補正は極めて重要です．特に出血，重度の嘔吐・下痢，多尿，摂水障害，体腔内や間質など血管外への水分漏出は，循環血液量減少が生じやすい病態ですので注意しましょう．

### 循環血液量減少への対応

　重度のアクティブな出血が生じている場合には緊急麻酔下での止血処置が優先されますが，循環血液量減少を疑うバイタル所見がある場合には，術前に積極的な循環血液量の補充を試みます．具体的には第7章に記載されているように，乳酸リンゲル液などの細胞外液を犬では10～30 mL/kg，猫では5～20 mL/kgを10～20分かけて静脈内へ投与します．ただし，漫然と大量輸液を続けることは過剰輸液の原因となるため避ける必要があります．バイタル所見が安定次第，輸液量を維持量程度（2～3 mL/kg/h）まで下げましょう．

　敗血症などの病態では，ノルアドレナリンなどの血管収縮薬を併用することで，過剰輸液を避けつつ早期に循環動態の安定化が達成できます．

　20％未満のPCVなど重度の貧血を伴う場合には，輸液ではなく輸血が必要となる場合もあります．急性出血ではPCVやヘモグロビン濃度の低下は生じず，輸液による循環血液量の補正後に初めて血液検査による貧血評価が可能となる点にも注意しましょう．

### 術前輸液と飲水制限

　近年，ヒトでは術前静脈輸液の実施頻度が減少しています．この大きな要因として，術前の絶飲絶食期間が大幅に減少していることが挙げられます．2012年に日本麻酔科学会が制定した術前絶飲食ガイドラインでは「清澄水の摂取は年齢を問わず麻酔導入2時間前まで安全である」と記載されています．清澄水とは脂質や食物繊維を含まない水・お茶・ジュースなどの飲料であり，薬局やスーパーなどで経口補水液という名称で目にするものも含まれます．嘔吐や意識障害などの症状がない場合，ヒトでは術前輸液の代わりに十分な清澄水摂取が推奨されています．犬猫でも同様に麻酔前の絶飲食時間は短縮する傾向にあり，特に飲水は誤嚥リスクが高い個体を除き麻酔直前まで可とされています[1]．循環血液量減少の病態や摂水に問題がない犬猫

の場合は，飲水制限を行わなければ麻酔前輸液の実施は不要かもしれません．ただし，入院下で興奮や不安状態にある場合は，水分喪失が多い，もしくは飲水困難と予想されるため，飲水代わりとして維持量程度の等張電解質輸液もしくは低張電解質輸液を静脈内投与したほうが良いでしょう．

## 術中の輸液管理

　麻酔・手術中は絶飲食，呼吸・代謝などによる不感蒸泄，出血や体液の漏出などの影響を受けて体液を喪失します．このため，麻酔・手術を受けるすべての犬猫に対して静脈カテーテルを設置して輸液を行うことが推奨されています[2]．術中は細胞外液の喪失が一般的であり，輸液製剤は乳酸リンゲル液などの等張電解質輸液を選択することが一般的です．

　過去の術中輸液管理では予防的に多く投与することが一般的であり，基本となる輸液速度を10 mL/kg/hに設定し，血圧低下時にはさらに10〜20 mL/kg程度の等張電解質輸液を追加でボーラス投与することが多くありました．輸液不足による循環血液量減少を恐れるあまりの対応でしたが，このような輸液管理は輸液過剰による肺水腫や浮腫，消化管機能低下や創部の癒合不全などの合併症を引き起こします（図8-1）．

　近年，心腎機能に異常がない一般的な犬の術中輸液速度は5 mL/kg/h，猫は3〜5 mL/kg/hで開始することが推奨されています[2]．このような術中維持輸液は，麻酔・手術中の絶飲食や，呼吸・代謝などによる不感蒸泄に基づく体液喪失を補うために実施します．一般的な短時間の手術中の輸液速度はこの程度で十分なことも多いですが，術前からの不足が十分に補充できていない場合や，炎症などに伴う術野での体液の漏出が持続的に生じている病態においては，輸液速度を増やす必要があります．また，術野で出血量が増大

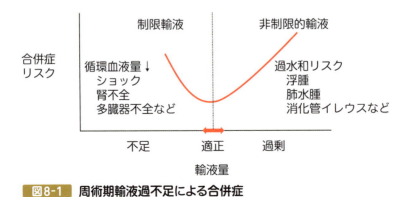

**図8-1** 周術期輸液過不足による合併症

している場合には，一時的に輸液速度を増やす，もしくは輸液のボーラス投与を実施します．術中輸液速度の調整はテーラーメイドに行う必要があり，麻酔中のモニタリング指標を用いて適正輸液を心がけることが推奨されています．

## 術中輸液量＝術中維持輸液量＋術前からの不足量＋術中の体液喪失量

### 術中輸液の目的

術中輸液の第一の目的は前負荷の維持です．出血や脱水などで循環血液量減少が生じた場合，前負荷が低下することで心拍出量が低下，そして血圧も低下します．これは絶対的循環血液量不足であり，輸液で循環血液量を増やすことにより改善が期待できます．

従来，出血時にはその4倍量の等張晶質液（理論上1/4は血管内，3/4は間質へ留まる）もしくは等量の膠質液を目安に投与することが必要とされてきました．一見，膠質液の方が効率的に循環動態を安定化できそうですが，ヒトでは膠質液を過剰に使用した場合に腎障害や凝固障害が生じる危険性が指摘されています[3]．一方，絶対的循環血液量不足時には等張電解質輸液も予想以上に血管内に留まりやすいことが明らかとなっています．このため，術中出血などの絶対的循環血液量不足を疑う場合の第一選択の輸液製剤は等張電解質輸液であり，出血量と等量程度を投与すると血行動態が安定することが多いです（図8-2）．

等張電解質輸液のうち，生理食塩液や酢酸リンゲル液の急速投与はそれぞれ高Cl性腎障害，血管拡張による血圧低下を引き起こす可能性もあるため，乳酸リンゲル液が選択されることが最も多いです．大量出血時には低ア

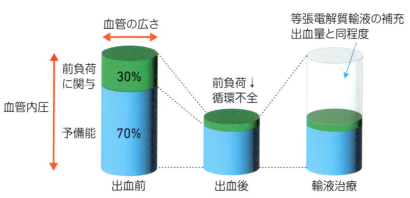

図8-2　出血時の静脈血管内容量のイメージ

ルブミン血症も進行するため，血管内容量の維持が困難となり，等張電解質輸液の効果が乏しくなります．この場合は膠質液や血漿製剤の投与を考慮する必要があります．貧血が進行している場合は，赤血球補充も考慮するべきでしょう．

> **術中出血時の第一選択は乳酸リンゲル液，まずは出血量と等量を目安に急速投与**
> **出血量が重度の場合は，膠質液や血液製剤の使用を検討**

## 麻酔薬による相対的循環血液量不足

　前負荷は循環血液量と同じものと捉えられがちですが，実際には心室の拡張末期容積です．例えば，容量血管である静脈血管に拡張が生じた場合，血管内に留まる血液量が増大することで心臓への静脈灌流量は低下します．すなわち，循環血液量は維持された状態で前負荷が低下します．このような病態は相対的循環血液量不足と呼びます．麻酔薬は動静脈の血管拡張作用を持ち，動脈に対する血管拡張作用は全身血管抵抗低下による血圧低下，静脈に対する血管拡張作用は相対的循環血液量不足による前負荷低下から血圧低下を生じます[4]．かつては相対的循環血液量不足に対しても，拡大した血管内容積を埋めるほどの輸液を行い治療することが一般的でしたが，このような対応は過剰輸液による浮腫を生じやすく，輸液による前負荷増大効果が得られづらいことも明らかとなっています（図8-3）．相対的循環血液量不足が疑われる場合は輸液で前負荷を増大するだけではなく，ノルアドレナリンなどの血管収縮薬を用いて血管内容積を元に戻すイメージで輸液管理を行うことが有用です（図8-4）．

> **術前脱水や術中出血もなく麻酔薬による相対的循環血液量不足を疑う場合は，輸液治療だけではなく血管収縮薬の併用も検討**

## 輸液の過不足のモニタリング

　かつては中心静脈圧が輸液の過不足に関する指標として用いられていました．中心静脈圧はうっ血の指標としては有用ですが，輸液不足の指標としては不十分であることが明らかとなっています．前負荷の評価という意味では心臓超音波検査による拡張末期の左室内腔径の評価は有用ですが，手術麻酔中に経胸壁の心臓超音波検査の実施は困難であり，経食道心臓超音波

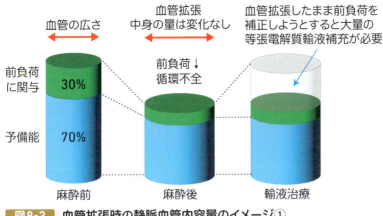

**図8-3** 血管拡張時の静脈血管内容量のイメージ①

**図8-4** 血管拡張時の静脈血管内容量のイメージ②

検査などの特殊な手法が必要となります．1回心拍出量や脈圧，脈波変動指標の呼吸性変動を輸液に対する反応性の動的指標として用いることもできますが（図8-5）[5]，カットオフ値は逆流性心疾患の有無や人工呼吸設定値などの影響を受けるため，絶対的指標として用いることは難しいですが，波形の揺らぎが大きい場合は輸液負荷を検討すると良い可能性が高いです．かつては術中尿量維持を目標に輸液量調節を行うこともありましたが，これも過剰輸液の原因となります．基本的に手術侵襲や人工呼吸などに伴う神経内分泌反応（バソプレシン分泌など）の影響で腎血流量とは関連なしに術中尿排泄は減少していることが多いためです．循環血液量や腎血流量が適正でも術中乏尿は起こりうることが知られており，ヒトでは術中乏尿（0.5 mL/kg/h以下）と術後急性腎不全発症の間に因果関係がないことが報告されています[6]．術中尿量が多い場合は体液喪失過剰の可能性を考慮して輸液量を調

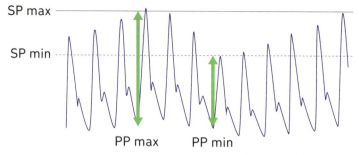

**図8-5　輸液に対する動的反応性指標**
人工呼吸下での吸気と呼気タイミングにおける動脈血圧の周期的な揺らぎを示しています．このような揺らぎは健常個体でも存在しますが，輸液負荷が必要となる個体では大きな揺らぎが発生するとされます．なお，パルスオキシメーターで得られる波形の揺らぎからも同様の判断は可能とされています．
収縮期血圧変動：SPmaxに対するSPminの減少率
脈圧変動：PPmaxに対するPPminの減少率

節する必要がありますが，尿量が少ない場合には低血圧の有無や循環血液量減少所見の有無を優先して輸液負荷の実施を検討します．

　実際には循環血液量減少を疑う場合に絶対的か相対的かを迷うこともあります．そもそも麻酔中の低血圧が生じた際に，循環血液量減少の存在を疑う所見に乏しいこともあります．麻酔前からの脱水や循環血液量減少所見，術中出血などの臨床徴候，バイタル変動（心拍数増大に対して低血圧もしくは正常範囲で低めが一般的）などから絶対的循環血液量不足を疑った場合，もしくは迷った場合は，テスト輸液として3〜5 mL/kgの等張電解質輸液を10分程度かけて静脈内投与してみましょう．輸液に対して血圧上昇や心拍数増加の緩和など変化がある場合は輸液療法が有効な病態の可能性が高く，テスト輸液による治療を繰り返します．一方で変化がみられない場合は輸液が無効である病態と判断して強心薬や血管収縮薬による循環治療を行います．循環血液量減少を見落とすと血圧治療に苦慮することが多いですが，単回のテスト輸液が大きな合併症を引き起こす可能性は低く，迷った際は一度試すことをお勧めします．ただし，基礎疾患として重度のうっ血性心不全（ステージCのMMVDなど）が存在する場合はテスト輸液の実施にも注意が必要です．

## 術後の輸液管理

　術後は早期に輸液療法を離脱することが目標です．早期に十分な経口摂

取が可能な場合は輸液療法を終了します．術後に十分な経口摂取ができない場合は，水分や電解質の不足分を輸液療法の併用で補います．全く経口摂取ができない場合，最低でも1日必要水分量を目安に輸液療法を実施します．本来，経口摂取するはずの水分を補うことが術後輸液の最低限の目的ですので，経口摂取が増えた分だけ輸液量を減量して，最終的には離脱を目指します．等張電解質輸液の漫然とした継続投与は不要なNa負荷に伴ううっ血性心不全や浮腫の悪化に繋がるため，術後輸液は低張電解質輸液である3号液（いわゆる維持液）の選択が一般的です．一方で，発熱，嘔吐・下痢，体液漏出，尿量増加など体内水分を過剰に喪失する病態が存在する場合は，喪失する体液分を加算して補充するために積極的な輸液による補助が必要となります．このような理由で循環血液量維持が困難な場合，等張電解質輸液や膠質液，血液製剤を使用継続します．これらの病態は水と同時に電解質を喪失することも多く，単純な体液補充だけではなく電解質補正も意識する必要があります．特に尿道閉塞や尿管閉塞などの腎後性腎不全を解除した後にみられる閉塞後利尿では異常な尿産生が起こり，水と電解質の喪失が起こることも多いため，注意深い対応が必要です．

### 疼痛管理

　適切な疼痛管理は術後の早期経口摂取再開における重要な要素の一つですが，ヒトでは術中術後のオピオイドに依存した疼痛管理が術後の悪心・嘔吐，消化管運動抑制や食欲回復遅延を生じる可能性も指摘されています．局所麻酔法やNSAIDs，ケタミンなどの鎮痛補助薬を併用したマルチモーダル鎮痛で十分な鎮痛を達成すると同時に，オピオイドの使用を減らすことを検討することが良いとされています．また，術中術後の過剰輸液も消化管浮腫などの影響で経口摂取再開の遅れを生じさせる要因とされます．輸液不足は循環不全などの致命的合併症を生じる可能性がありますが，輸液過剰も回復遅延などの問題を生じるため，常に適正量を意識した輸液管理を考えましょう．

### 水分バランス

　手術手技の最適化，術中の適切な疼痛管理や周術期輸液量の適正化に伴い過剰輸液の危険性は低下していますが，手術中の輸液バランスは尿量低下などの影響を受けてin＞outとなっていることが通常です．

inバランスの輸液の分布先は血管外細胞外液になります．血管外細胞外液には機能性と非機能性のものが存在します．機能性のものはいわゆる間質液であり，Starlingの法則に従い血管内と間質液の間で水分が移動できます．健常動物の場合，細胞外液とは血管内液と機能性細胞外液ですが，疾患や手術侵襲の重篤化に関連して非機能性細胞外液が発現・増大することが知られています（図8-6）．非機能性細胞外液は通称「サードスペース」という名称でも呼ばれ，吸水シートのような性質を持っています．つまり非機能性細胞外液にどんどん水が取り込まれやすい一方で，血管内に水を戻す能力には乏しいという性質です．

　非機能性細胞外液は術後，炎症の鎮静化などに伴い，正常な機能性細胞外液へと変化していきます．この結果，等張電解質輸液の輸液負荷を行ったかのような現象が生じ，循環血液量増加が生じます（図8-6④）．急激な尿量の増加と術後浮腫の軽減が生じるため，利尿期とも呼ばれる病期です．軽度の侵襲を伴う手術では利尿期がほとんど目立たない，もしくは術後1～2日目に発現することも多いですが，重度の侵襲を伴う手術では3～4日後以

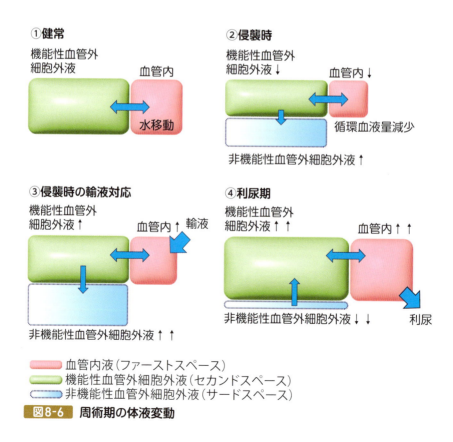

図8-6　周術期の体液変動

降に利尿期に移行することもあります．特に重度な侵襲を伴う手術では，利尿期に血管内に戻る水分が多く，このことを考慮した輸液管理を行う必要があります．利尿期にはうっ血性心不全悪化に伴う心原性肺水腫急性発症も生じやすいため注意しましょう．

## COLUMN サードスペースとは

　従来は細胞外液のうち，血管内のスペースをファーストスペース，機能性血管外細胞外液すなわち通常の間質に相当するスペースをセカンドスペースと呼んでいました．周術期には細胞外液の喪失なしに血管内容量が減少することは知られており，間質に未知の水分分布領域が新たに発現するという考えから，周術期にはサードスペースが発生するという表現がなされていました．現在では，サードスペースとは血管内や通常の間質との水交換が制限された非機能的細胞外液と理解されています．実際には炎症や侵襲に伴い間質のコラーゲン線維の結合が緩み，コラーゲン線維の隙間に水がトラップされやすくなった状態と考えられています．間質の一部が吸水シートのような状態となっていると考えれば良いです．

## COLUMN 周術期輸液と浮腫

　侵襲に伴うサードスペースの発生は血管内容量減少に繋がります．これに対して従来の周術期輸液ではサードスペースと血管内容量の減少分を補うように，たくさんの輸液を投与する対応がとられてきました．一方，輸液を大量に投与すればそれだけ血管外漏出量が増大し，サードスペースはさらに増大することも明らかとなっています．循環を維持するためにはある程度の輸液は必要ですが，輸液を入れるとそれだけ浮腫は悪化するという状況です．結局のところ，サードスペースが増える重度侵襲の手術や病態において血管内容量を維持するために輸液

は必須ですが，疼痛管理や消炎による侵襲軽減，強心薬や血管収縮薬の使用による循環補助などを併用することで少しでも輸液量を抑え，浮腫の発生を軽減することが望ましいと考えられています．

## 術後の栄養管理

　経口摂取が不十分な場合，一般的な輸液療法では栄養を補うことは困難です．栄養不足は異化亢進による状態悪化に繋がるため，適切な栄養管理を考える必要があります．栄養管理の基本は経腸栄養です．術後3日以上の経口摂取困難が予測される場合は，術中に経鼻食道もしくは経鼻胃カテーテル，咽頭食道瘻カテーテル，胃瘻カテーテルおよび腸瘻カテーテルと経管栄養ルートを設置したほうが良いでしょう．経腸栄養の目的はエネルギー補充だけではなく，消化管機能維持のためでもあります．仮に供給エネルギー量が不十分でも経腸栄養を行うこと自体にも意味があります．何らかの理由で経腸栄養が困難な場合は栄養輸液の実施を考えます．詳しくは9章　栄養輸液➡p152をご確認ください．

　術後はストレスホルモンや炎症性サイトカインと関連した異化亢進が生じます．従来，術後異化亢進は栄養要求量増大と術後の栄養摂取不良の結果と考えられてきました．このため，術後は通常よりも多くの栄養摂取が必要とされてきました．一方，重症患者を中心に十分量の栄養を供給しても，異化亢進を抑制できないことも明らかになっています．周術期異化亢進は疼痛管理などによりある程度抑制することは可能ですが，原疾患や術後の状態が安定するまで完全に抑制することは難しいです．現在では，術後に栄養を過剰供給しても生体はうまく利用することができず，高血糖などの有害反応に繋がることも知られています．自力での経口摂取の場合は過剰栄養に陥る危険性は低いですが，経管栄養や栄養輸液実施時は過剰栄養の弊害を警戒する必要があります．

　術後，徐々に自力での経口摂取が可能となり1週間程度を目安に日常量を満たすことができるようであれば，周術期の積極的な栄養介入は控えても良いと考えます．ただし，術前から栄養不良が生じている場合は，術後早期に少量から経腸栄養供給を実施できる状況を作るべきです．術後とはいえ，自力で十分に摂食する動物に対して，日常以上の食事制限を行う必要性はまったくありません．

## 2．うっ血性心不全への対応

うっ血性心不全を併発する犬猫に対する輸液の注意点について考えていきましょう．なお，うっ血性心不全に対する治療の詳細については循環器内科の成書を確認してください[7, 8]．うっ血性心不全は，犬の僧帽弁閉鎖不全症や拡張型心筋症，猫の肥大型心筋症などの後天性心疾患に併発して認められることが多いです．基礎疾患に加えて，うっ血性心不全を考慮しながら輸液を行う必要があります．

---

### keypoint

- 基本は低張電解質輸液を選択（Na総投与量増加＝うっ血性心不全悪化）
    - 1号液もしくは3号液，5％ブドウ糖液など
    - 投与速度：通常は維持レベル（3 mL/kg/h前後）
        - うっ血が顕著な場合は投与量を減らす
            - あるいはよりNa含量が少ない輸液製剤を選択
    - 重症例ではフロセミドを併用
        - 2 mg/kgを1〜2時間ごとに静脈内投与
            - あるいは2 mg/kg静脈内投与後，1 mg/kg/hで持続静脈内投与
- 循環血液量減少が疑われる場合のみ等張電解質輸液を選択
    - 乳酸リンゲル液など（生理食塩液は不要にNa負荷が高いため避ける）
    - 漫然とした投与継続は避ける
- 電解質補正
    - 低Na血症は必ずしもNa欠乏を反映するものではない
    - 低K血症は積極的に対応

## うっ血性心不全の病態

　うっ血性心不全は，犬の僧帽弁閉鎖不全症や拡張型心筋症，猫の肥大型心筋症などの心疾患に伴い認められる病態です（図8-7）．基本的には心疾患に伴う心拍出量低下が原因となります．心拍出量低下が生じると，心臓に戻ってくる血液（静脈灌流量）に対して出ていく血液（心拍出量）が少なくなるため，うっ血が発生します．心拍出量低下による末梢循環低下は生体の代償反応を引き起こします．例えば腎臓におけるNaおよび水の再吸収亢進により循環血液量は増加します．同時に生じる静脈血管収縮も静脈灌流量（有効循環血液量）の増加に繋がります．健常な心臓は，これら循環血液量増加に対して心拍出量が増加しますが，病的心臓では心拍出量は増加せず，うっ血の悪化に繋がります（図7-5）．うっ血の悪化および動脈血管収縮による後負荷増大はさらなる心拍出量低下に繋がり，うっ血性心不全へと発展します．うっ血性心不全の悪化は，心原性肺水腫，全身性浮腫や腹水・胸水貯留，循環不全による多臓器不全を生じ，致死的転帰に繋がります．

## 循環管理

　何らかの心疾患に伴い心拍出量が低下している点が根本的な問題となります．心疾患の種類により心拍出量低下の原因は異なるため，心疾患を診断し，心拍出量低下の原因を把握した上で，強心血管拡張薬やβ遮断薬などの適切な治療選択を行う必要があります[7, 8]．同時に，過剰な代償反応は心機能に悪影響を及ぼすため，重症例ではフロセミドなどの利尿薬を用いて

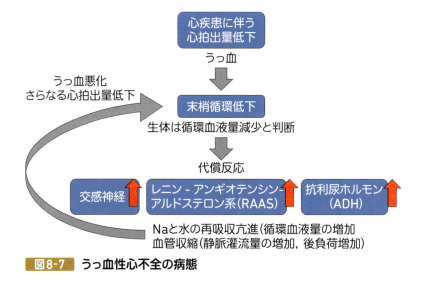

図8-7　うっ血性心不全の病態

うっ血の改善を図ることも多いです．血管拡張および利尿作用を持つヒト心房利尿性ペプチド（hANP）や，抗利尿ホルモン（ADH）の拮抗薬で利尿作用をもつトルバプタンを使用する獣医師もいますが，有用性は不明確です．

　病態から理解できるように，輸液によりうっ血性心不全が悪化することはあっても改善することはありません．基本的な体液管理は自力飲食に任せ，輸液を行わない方が無難です．ただし，自力飲食が困難な場合などは，最低限の水分補充と電解質補正を目的に輸液を行う必要があります．

## 輸液製剤の選択

　Naの摂取量が増えれば細胞外液増加に繋がり，うっ血性心不全が悪化する可能性があります．うっ血性心不全の輸液を考える際に輸液量を制限すると考える方は多いですが，輸液製剤のNa含量にも着目する必要があります．

> **輸液時のNa総投与量（mg）**
> **＝輸液製剤のNa含量（mg／mL）×総輸液量（mL）**

　各種輸液製剤のおおよそのNa含量は表に示します（**表8-1**）．健常犬の1日あたりNa必要量は40 mg／kg，猫は60 mg／kg程度です．健常な犬猫では必要量以上のNa摂取は日常的ですが，慢性うっ血性心不全ではNa摂取量を必要量程度に抑えたNa制限食を与えることもよくあります．また，重症例ではより厳格なNa制限を行うこともあります[7]．健常犬猫のNa必要量がどの程度の輸液量に該当するかも表に示したので確認してください．

　うっ血性心不全の犬に乳酸リンゲル液を維持輸液として漫然と流した場合，Naの総投与量は必要量の2〜3倍に到達するため非常に危険です．循環血液量減少の疑いがなければ，早期にNa含量が少ない低張電解質輸液に切り替えることを推奨します．最もNa含量が少ない輸液製剤は5％ブドウ糖液で，重症例では5％ブドウ糖液もしくは5％ブドウ糖液と3号液を混合して使用することもあります．

　うっ血性心不全における循環血液量減少の病態は多くありませんが，出血性ショックなどでは健常な犬猫と同様に等張電解質輸液を用いた蘇生輸液が必要です．ただし，生理食塩液は乳酸リンゲル液と比較して不必要にNa含量が高く，うっ血を助長する可能性があるため避けた方が良いと考えます．また，過度の利尿薬使用により循環血液量減少に陥ることもあります．この

表8-1　各輸液製剤のNa含量と1日Na必要量に相当する輸液量

|  | 各輸液製剤の Na濃度 | およその Na含量 | 犬のNa必要量 (40 mg/kg) 相当の輸液量 | 猫のNa必要量 (60 mg/kg) 相当の輸液量 |
| --- | --- | --- | --- | --- |
| 生理食塩液 | 154 mEq/L | 3.5 mg/mL | 11 mL/kg | 17 mL/kg |
| 乳酸リンゲル液 | 130 mEq/L | 3.0 mg/mL | 13 mL/kg | 20 mL/kg |
| 1号液(ソルデム® 1) | 90 mEq/L | 2.1 mg/mL | 19 mL/kg | 29 mL/kg |
| 3号液(ソルデム® 3) | 50 mEq/L | 1.1 mg/mL | 36 mL/kg | 55 mL/kg |

場合も出血時と同様に一時的な輸液負荷を行います．

## 投与経路と投与量

　投与経路は静脈内投与が推奨されます．この場合，皮下投与は決して安全な投与経路ではありません．入院下で症例の臨床徴候を細かく確認しながら輸液量を微調整可能な静脈輸液が最善と考えます．輸液量も含めてとにかく「気をつけて行う」以外ありません．脱水や電解質異常を伴わない犬猫ではそもそも輸液を避けるべきです．

　完全に予見することは難しいですが，食欲不振の猫が無症状の肥大型心筋症を併発しており，気づかずに支持療法の皮下輸液を行った後に，うっ血性心不全を発症することも時々あります．犬猫ともに心不全に腎不全が併発していることも多く，皮下投与による曖昧な体液管理は危険な可能性があります．

## 電解質異常への対応

　うっ血性心不全は細胞外液過剰の病態であり，多くはNaおよび水が過剰に貯留している状態です．重症例を中心に低Na血症を呈することもありますが，Naが不足しているわけではなく，ADHの作用によりNa以上に水が貯留していることが原因とされます（図8-9）[9, 10]．このため，Naの補充は不適切です．うっ血性心不全の改善，すなわち，心拍出量増加と利尿薬の作用により，腎臓からの水とNa排泄が進むにつれて体液過剰と低Na血症は改善します．この際，ヒトではNa以上に大量の水排泄が促進されるため，5％ブドウ糖液など低Na輸液製剤を投与しても低Na血症が進行する可能性は少ないとされます．犬猫で同様のことが期待できるか不明確ですが，す

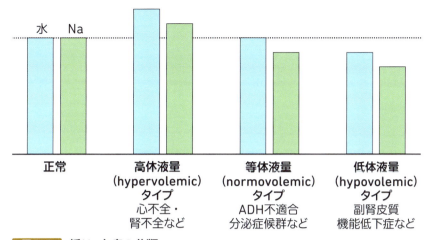

**図8-9** 低Na血症の分類

でに体液過剰であることからNa負荷を避けた方が良いのは間違いなく，輸液開始当初は低張電解質輸液を選択します（詳細は6-3 低Na血症も参照 ➡ p76）．

十分な利尿にもかかわらず低Na血症が進行する場合は，水排泄が停滞している可能性が高いです．低張輸液投与を一時中断するという選択以外に，水の排泄を促す治療の追加を検討しましょう．フロセミドと比較して，抗ADH薬であるトルバプタンは水排泄を促進する薬剤であり，うっ血性心不全における難治性低Na血症の際に使用されます[10]．ただし，うっ血性心不全以外に併発する疾患によっては低Na血症の原因が異なるため，対応が異なる可能性があります．

3号液はNa含量が少ないものの，Kが比較的に多く含まれます．KはNaと同様に細胞外液増加に関与すると考えて投与を制限するべきでしょうか．慢性心不全ではアルドステロンや利尿薬の作用でK排泄が促進され，体内のK量が減少していることも多いです．Kは主に細胞内に分布する電解質であり，細胞内K濃度が減少すると細胞内の水が細胞外へ移動し，体液過剰や低Na血症を助長します．一方，輸液したKは細胞外の水分と一緒に細胞内に移動するため，細胞外液増加に関与しません．低K血症に対しては積極的な補正を考えて問題ありません．

# 3. 急性腎障害への対応

　急性腎障害(acute kidney injury: AKI)の治療において輸液は最も重要な項目の一つです.

　まず, AKIが発生する原因を考えてみましょう. AKIの発生原因を大きく分類すると腎低灌流, 炎症, 腎毒性物質, 尿路閉塞, 腎臓のうっ血です(図8-10). また, これらの原因は併発していることも少なくありません.

## 腎低灌流

　循環血液量減少はAKIの発生要因の一つとして一般的に認められます. AKIが疑われる際には, 循環血液量を評価し, 減少している, もしくは減少が疑わしい状況では積極的な輸液を行います.

　一方, 循環血液量が十分である場合や, すでに過剰気味な状態で, かつ乏尿から無尿を呈しているAKIの場合には, 輸液はむしろ病態を悪化させる可能性があります. 輸液による治療を行う前に循環血液量をチェックしましょう.

　循環血液量をモニターするためには, 体重, 粘膜毛細管再充満時間(CRT), 心拍数および呼吸数, 動脈血圧, 血液生化学検査(TP, ALB, BUN, クレアチニン, 電解質), 心血管系のボリューム評価(超音波検査), 尿量を定期的に評価します.

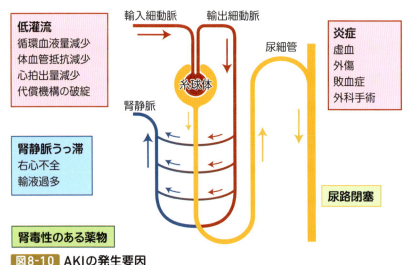

**図8-10　AKIの発生要因**
AKIの発生要因は各枠のように大きく分類されます.

輸液製剤は循環血液量を是正するために細胞外液が第一選択です．細胞外液のうち，生理食塩液はKを含まないため，高K血症の場合に使いやすいのですが，Cl濃度が非常に高いため，大量に輸液した場合には高Cl血症および代謝性アシドーシスを誘引する可能性があります．高Cl血症はそれ自体がAKIの発生因子であり，予後の悪化との関連が示唆されています（**表8-2**）[11]．乳酸リンゲル液や酢酸リンゲル液はCl濃度が血液中の濃度に近いため，高Cl血症のリスクは低くなります．また，乳酸や酢酸が緩衝剤であり，代謝性アシドーシスの悪化を抑制できるという利点があります．

　ただし，乳酸リンゲル液や酢酸リンゲル液はKを含んでいるため，高K血症が顕著な症例では使いにくいという問題があります．高K血症が顕著な場合にはKを含まない輸液製剤が望ましいですが，生理食塩液では高Cl血症のリスクがあります．このような場合，筆者は輸液製剤を独自の配分で混合して使用しています．

　組み合わせの例を以下に示します．

- 生理食塩液：リプラス®1号液＝1：1
    - $Na^+$：122 mEq/L
    - $Cl^-$：112 mEq/L
    - 乳酸：10 mEq/L
    - グルコース：1.3 %

**表8-2** 生理食塩液大量投与による代謝性アシドーシスが疑われた急性腎障害の犬の例[12]

| BUN（mg/dL） | 205.4 | Cre（mg/dL） | 8.36 |
| --- | --- | --- | --- |
| pH | 7.06 | $CO_2$（mmHg） | 20.2 |
| $K^+$（mEq/L） | 5.58 | $Na^+$（mEq/L） | 130 |
| $Cl^-$（mEq/L） | 105 | $HCO_3^-$（mmol/L） | 5.7 |

来院時の血液生化学検査（BUN，Cre）と血液ガス分析の値です．重度の代謝性アシドーシス（$HCO_3^-$低値）を呈しています．高Cl血症の有無を見てみましょう．$Cl^-$濃度は絶対値ではなく$Na^+$濃度との差で評価します．「$Na^+ + K^+ - Cl^-$」の値は犬で35～41，猫で33～35が基準値とされます（5-3．Stewart approachによる病態解析➡p63も参照）[12]．これより低値の場合，高Cl性代謝性アシドーシスが疑われます．本症例では「$Na^+ + K^+ - Cl^- = 30.58$」と明らかな低値となっています．筆者らの施設に紹介されて来る前に生理食塩液の大量投与を数日続けていたとのことなので，生理食塩液の大量投与による$Cl^-$過剰が代謝性アシドーシスの一因と考えられます．

- 生理食塩液：5％ブドウ糖液＝5：2
  - Na$^+$：110 mEq/L
  - Cl$^-$：110 mEq/L
  - グルコース：1.4 ％

　これらの組み合わせではKを含まずに，かつCl濃度が生理的範囲内の輸液製剤となります．もちろん，症例の電解質の値により配合を変えることもでき，またこれにCaを足すなどのバリエーションも可能です．

　Na濃度の高い細胞外液の投与を数日間続けていると，（特に猫では）高Na血症になることがあります．その場合には1号液の使用や，独自の配合によりNaを低めに調整した輸液製剤の使用を検討します．

　循環血液の是正は4～24時間をかけて行うことが推奨されていますが，症例の年齢や心肺機能などを考慮して，より時間をかけて投与することもあります．また，循環血液量減少性ショックの場合には，より速い速度で輸液投与することもあります（7章　ショックと循環評価➡p92を参照）．

　必要な輸液量の目安は以下の式から算出します．

### 体重（kg）×脱水の程度（％）＝水分不足量（L）

例えば，12 kgの症例で8％の脱水がある場合，

### 12×0.08＝0.96（L）

となり，960 mLの不足となります．これはあくまでも目安なので，実際には前述したモニタリング項目を繰り返し評価しながら輸液投与量と速度を調整します．

## 多尿期

　AKIの乏・無尿期を乗り越えると，多尿期に入ることがあります．

　多尿が持続している場合には尿量が落ち着くまで数日間の輸液が必要となることがあります．このような場合には尿量モニターを含めたin-outの測定，体重変化，心血管系のボリュームを継時的に確認し，輸液量を調整します．極端な例では10 mL/kg/hを超えるような大量輸液が継続的に必要になることもあります．ただし，このような大量輸液を続ける際には体液過剰にも注意しましょう．

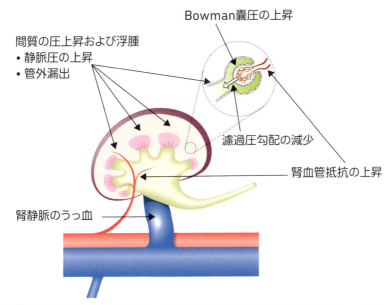

**図8-11 輸液過負荷と間質の浮腫が急性腎障害に寄与するメカニズム**
輸液過負荷は腎静脈のうっ血を生じ，腎静脈圧が上昇することで間質の浮腫が起こります．リンパ管によるドレナージの限界量を超える水分の漏出も間質の浮腫を増悪させます．間質の浮腫により腎血管抵抗が上昇することで糸球体の血液流入量が減少します．また，Bowman囊圧は上昇するので，濾過圧の勾配が減少し，糸球体濾過量が減少します．

## 腎静脈のうっ血

　右心不全や過剰輸液により中心静脈圧が上昇すると，後大静脈に直接繋がっている腎静脈がうっ血します（図8-11）．腎静脈圧が高い状態，つまり腎臓の後負荷が高い状態では，腎動脈環流の低下，腎臓の間質圧の上昇が生じます．腎臓の被膜は硬く，コンプライアンスが低いため，腎皮膜内圧が上昇すると，間質の浮腫，Bowman囊圧の上昇，限外濾過圧の低下が生じ，糸球体濾過量（glomerular filtration rate: GFR）が低下します．輸液過剰および中心静脈圧の上昇は急性腎障害の増悪因子であり，予後不良因子です．

　大量輸液が必要な場合には尿量モニターを含めたin-outの測定，体重変化，心血管系のボリュームを継時的に確認し輸液量を調整します（7-3. 超音波検査による循環の評価➡p107を参照）．また，胸水・腹水の有無や呼吸状態を定期的にモニターします．胸水・腹水の貯留など，浮腫の存在が示唆される場合には，腎臓の浮腫も生じていると考えて対応しましょう（図8-12）．

　2007年に行われたヒトの集中治療の国際カンファレンスで，「AKIの予防には輸液が重要であるが，循環が保たれている場合にはそれ以上の輸液は

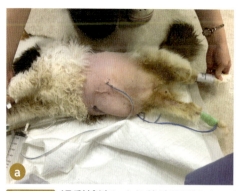
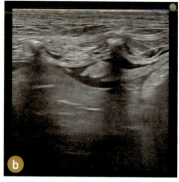

**図8-12** 過剰輸液により体液過剰となったAKIの猫の外貌（a）と貯留した腹水（b）

筆者の施設に来院した時点で体液過剰の状態であり，体全体がむくみ，腹水・胸水も認められました．また無尿状態でした．利尿薬の投与を試みるも反応がなく，腹膜透析を開始し除水も行ったところ，透析開始後3日目に排尿が再開し，その後利尿期を経てAKIを脱しました．このような状況では，さらなる輸液は腎障害を悪化させるので，輸液を行わずに除水に努めましょう．

避けるべき」との声明が発表されました[13]．当たり前のことですが，AKIの輸液療法は「多過ぎずかつ少な過ぎず」が重要です．しかし，これが簡単ではなく，筆者もAKIの輸液の加減に日々四苦八苦しています．重要なことは，輸液中は定期的なモニタリングを欠かさず，循環血液量の不足と過剰に常に目を光らせておくことです．

## 尿管閉塞

　尿管閉塞による腎障害の場合，輸液が有用かどうかは症例によって異なります．尿管が部分閉塞である場合，輸液により尿量が増加し腎数値が低下することもあります．一方，尿路の完全閉塞で輸液により体液過剰が悪化するような場合は輸液を行うべきではなく，すぐに閉塞を解除する必要があります．

　尿管の閉塞解除の選択肢としては，手術による閉塞解除もしくは一時的な腎瘻カテーテルの設置があります（図8-13）．どちらを選択するかは症例の重症度と手術に要する時間などを考慮した上で決定しましょう．

## 閉塞後利尿

　閉塞後利尿（post-obstructive diuresis: POD）とは，尿路の閉塞を解除した後に生じる利尿のことで，適切な輸液による細胞外液の補充を行わないと生命の危険が生じる可能性もあります．発生機序としては利尿物質の

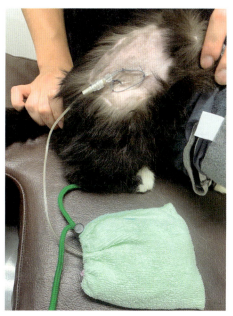

**図8-13 経皮的腎瘻カテーテル**
腎瘻カテーテルは尿バッグに接続するか，ペットシーツなどに開放します．腎瘻カテーテルの長期留置では逆行性感染が生じる恐れがあるため，衛生的な管理が重要です．写真の猫では腎瘻カテーテルの先端を巾着袋に入れたペットシーツで包んでいます．この巾着袋を洋服内に入れて管理し，1日数回交換しています．

蓄積やアクアポリン受容体の関与などの説が示唆されていますが，詳細な機序は未だ解明されていません．

尿道閉塞のカテーテルによる解除後，尿管閉塞に対する手術後，経皮的腎瘻カテーテル設置後など，尿路閉塞を解除した様々な場面で生じます．

尿道閉塞解除後の猫では，PODの発生率は67.7％であったとの報告があります[14]．それらのうち，32.7％の猫が軽度～中等度（尿量2～5 mL/kg/h）で，35％の猫が重度（尿量5 mL/kg/h以上）でした．

PODは犬においても猫においても発生し，筆者らの施設においても尿路閉塞の解除後にしばしばPODに遭遇します．PODが収束するまでの数日間は厳密な輸液管理が必要となります．

## 利尿薬（ループ利尿薬）

AKIの予防や治療を目的としたループ利尿薬の投与に関して，有意性は示されていません．そのため，AKIの予防目的として利尿薬を用いるべきではありません．

前述したように，体液過剰による腎静脈のうっ血はGFRを低下させます．体液過剰による腎臓のうっ血が示唆される場合のみ，うっ血を解除する目的で利尿薬を使用します．

## 透析

AKIの治療の基本は輸液ですが，輸液負荷があるにもかかわらず乏・無尿が継続し，体液過剰が生じている場合には，それ以上の輸液は不可です．このような状況では利尿薬を使用しますが，それも反応しない場合に残された治療選択肢は透析のみです．

自施設で透析が実施できない場合には，透析が可能な施設への転院を検討しましょう．

> **COLUMN　慢性腎不全と皮下輸液**
>
> 猫における慢性腎不全に対して来院もしくは自宅での定期的な皮下輸液が行われることは多くあります．慢性腎不全の多くは多尿や飲水量低下により脱水状態にあり，定期的な皮下輸液の目的は，脱水改善による全身状態の維持です．最大で20～30 mL/kgを1日1～2回まで投与します．定期的な皮下輸液による予後改善効果は明らかではありませんが，猫のQOLが改善する印象を持つ方は多いと思います．投与可能な輸液製剤は糖を含まない等張電解質輸液が推奨されており，乳酸リンゲル液が一般的です．生理食塩液はpHが低いため避けた方が良いとされています．近年，高齢者の在宅医療において皮下輸液の有用性が高まっています．ヒトでは5％ブドウ糖液や1～3号液などの低張電解質輸液も投与可能とされており，1～5％のブドウ糖液は皮下吸収可能と考えられます．現状推奨はないですが，犬猫におけるブドウ糖含有輸液製剤の皮下投与は感染リスクとのトレードオフになると考えられます．

# 4. 頭蓋内圧亢進への対応

　重積発作や意識レベル低下から頭蓋内圧亢進を疑う症例の輸液について考えていきましょう．特に脳浮腫に伴う頭蓋内圧亢進の場合，輸液選択により症状が急激に改善することも，悪化することもあります．最終的には原疾患治療が重要ですが，初期輸液療法の選択が，生死を分ける可能性があります．

---

### keypoint：初期対応時の輸液

- 頭蓋内圧亢進を疑う場合
    - 等張電解質輸液を選択（生理食塩液，乳酸リンゲル液など）
        - 血液検査の結果が出るまでは生理食塩液の選択が最も無難
        - 投与速度：通常は維持レベル（3〜5 mL/kg/h）
            - 脱水徴候があれば5〜10 mL/kg/h
            - 循環不全徴候が顕著であれば「ショック時の対応」に準ずる
- 緊急の頭蓋内圧低下治療が必要な場合
    ①マンニトール 0.5〜1 g/kgを20分間で静脈内投与
    ②高張食塩液 2〜5 mL/kgを1 mL/kg/min以下の速度で緩徐に静脈内投与
    ※①の実施が多い，極めて緊急度が高い場合は②を先に実施後，必要に応じ①を追加

---

## 頭蓋内圧に関わる因子

　頭蓋内圧亢進時の輸液を考える際に，まずは
- 頭蓋内圧
- 脳灌流圧
- 血液脳関門

について知る必要があります．

### 頭蓋内圧

　頭蓋内には脳，脳脊髄液と血液の三つが存在し，一定の頭蓋内圧の下で頭蓋骨内に内蔵されています．多少混雑した電車のように，軽く押し合いながら部屋に収まっている状態です．しかし，容積に限りがあるため，いずれかの構成成分が増えると頭蓋内圧が上昇します．満員電車でお互いを押しつぶしながら部屋に収まっている状態です．多少の脳脊髄液もしくは血液は頭蓋外へ移動することが可能であり，代償的に頭蓋内圧を一定に保ちます．しかし，著しい容積増加が起こると代償は破綻し，わずかな容積変化が大きな頭蓋内圧上昇を引き起こします（図8-14）．代償反応は少し電車から降りる人がいて楽になった，代償破綻は超満員の電車へ強引に人が押し込まれたような感じです．満員電車に際限なく人を押し込んでいくと最終的に起こるのは圧死か，窓を破って外に飛び出るかです．実際の頭蓋内圧上昇では，脳が圧迫されすぎて機能異常を生じたり，脳が大後頭孔から飛び出す脳ヘルニアが生じたりします（図8-15）．頭蓋内圧上昇を疑う病態では，頭蓋内圧のさらなる上昇を防ぐ手技が生死の分岐点となります．

### 脳灌流圧

　他臓器とは異なり脳にはエネルギーの蓄えはありません．脳は絶え間なく糖と酸素を必要としていて，それらを届けるのは脳血流です．脳血流を規定するのは脳灌流圧です．脳灌流圧は以下の式で示されます．

$$脳灌流圧＝平均血圧－頭蓋内圧$$

　この式からわかるように，頭蓋内圧が上昇すれば脳灌流圧が減少します．頭蓋内圧上昇は脳の圧損傷や脳ヘルニア以外に，脳虚血を引き起こします．

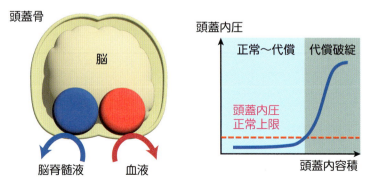

図8-14　頭蓋内容積と頭蓋内圧変化

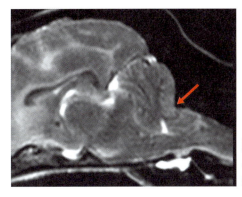

図8-15
小脳ヘルニア（矢印）を
生じた犬の脳

脳虚血が生じると脳細胞は膨化し，頭蓋内圧はさらに上昇，取り返しがつかない負のスパイラルへと移行します．

### 血液脳関門

　頭蓋内圧亢進を疑う場面において，循環を保つという観点から輸液は必要です．その際には脳浮腫を悪化させないという観点が重要です．通常の浮腫は，血管内静水圧上昇（うっ血や過水和）もしくは膠質浸透圧低下（低アルブミン血症）に伴い発生します．しかし，脳には血液脳関門があり，血管内から外への物質移動が制限されています．血液脳関門は細胞膜のような役割を果たしていると考えると良いでしょう．通常は，細胞膜により細胞内外の電解質移動が制限されるのと同様に，脳では血液脳関門により血管内外の電解質移動が制限されます（図8-16）．つまり，脳浮腫はうっ血や過水和の病態以外に血漿浸透圧低下（電解質濃度低下）でも悪化します．輸液製剤に含まれる電解質濃度が血漿電解質濃度より高くなるように，輸液製剤を選択することが重要となります．

　血漿電解質濃度は血液検査で知ることができます．血漿中の陽イオンの主となるものはNaであり，陰イオンは必ず陽イオンと同じ濃度で存在します．このため，実臨床では血漿Na濃度と輸液製剤Na濃度（表8-3）を比較して輸液製剤を選択します．高血糖がある場合は8-5．高血糖緊急症への対応 ➡p146を参照してください．

　次に，実際の輸液について細かく考えて行きましょう．

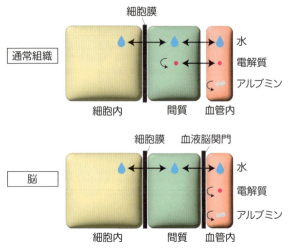

図8-16 血液脳関門の働き
血液脳関門がある脳では血管内外の電解質移動が制限されます.

表8-3 各輸液製剤のNa濃度

| 生理食塩液 | リンゲル液 | 乳酸リンゲル液 | 1号液(ソルデム®1) | 3号液(ソルデム®3) | 5%ブドウ糖液 |
|---|---|---|---|---|---|
| 154 mEq/L | 147 mEq/L | 130 mEq/L | 90 mEq/L | 50 mEq/L | 0 mEq/L |

## 輸液製剤の選択

　初期対応の目標は，輸液による脳浮腫悪化を助長せずに，血行動態を安定化させることです．このため細胞外液（血漿）と同等の電解質を含む輸液製剤選択が適切であり，等張電解質輸液が妥当です．等張電解質輸液の代表として生理食塩液と乳酸リンゲル液があります．この二つの輸液製剤のNa濃度を比較すると，生理食塩液は154 mEq/L，乳酸リンゲル液は130 mEq/Lです．一般的な犬の血漿Na濃度は140 mEq/L前後，猫は150 mEq/L前後ですが，乳酸リンゲル液のNa濃度は明らかにこれよりも低く，脳浮腫を助長する可能性があります．乳酸リンゲル液の方が細胞外液組成に近くバランスの取れた輸液製剤ですが，頭蓋内圧亢進を疑う初期対応ではあえて生理食塩液を選択します．特に血液検査や十分な状態把握が完了する以前は，等張電解質輸液の中で最も含有Na濃度が高い生理食塩液を選択するのが無難です．

## 輸液量

　水分制限に伴う脱水による脳浮腫軽減効果は期待できません[15]．つまり，脳浮腫予防を目的に輸液制限を行う必要はありません．適切な電解質濃度の輸液製剤選択は重要ですが，輸液量は一般的な考え方で問題ありません．過度の脱水は循環血液量減少による脳循環悪化を生じ，過剰輸液は脳浮腫の原因となるため，ともに有害です．

## 輸液・投薬による頭蓋内圧低下治療

　先に述べた血液脳関門の性質に基づき，高浸透圧の輸液製剤を投与すると脳浮腫が軽減し，頭蓋内圧が低下します．ただし，脳浮腫軽減による頭蓋内圧低下作用には限界があり，むやみに投薬を繰り返せば脳細胞の脱水や血行動態・電解質の異常を生じます．脳出血や頭蓋内膿瘍，脳腫瘍などで圧迫が重度の場合，頭蓋内圧低下治療で時間を稼ぎながら緊急開頭手術に移行することもあります．

### ①マンニトール

　マンニトールは細胞外液に分布し，浸透圧物質として機能します．ただし，血液脳関門を通過できないため，頭蓋内では血管内浸透圧物質として働きます．このため，マンニトール投与により脳から血管内へと水が移動して脳浮腫軽減が生じ，頭蓋内圧が低下します（図8-17，18）．投与後の一時的な血管内容量増加に伴い，うっ血性心不全が悪化する可能性があります．最終的にはほぼ未代謝で腎排泄されるため，顕著な浸透圧利尿を生じます．一定時間経過後は，強力な利尿作用に伴う循環血液量減少や電解質異常が生じる危険性があり，マンニトール投与時には適切な輸液療法を併用することが推奨されます．重度腎障害の症例に対する使用も避けた方が良いです．

### ②高張食塩水

　高張食塩水に含まれる大量のNaとClは細胞外液に分布しますが，血液脳関門を通過しないため頭蓋内では血管内浸透圧物質として働きます（図8-18）．基本的な作用はマンニトールと類似しますが，即効性が高いが持続時間は短い点が異なります．浸透圧利尿作用はありませんが，Na負荷が高いため，うっ血性心不全の悪化や全身性浮腫，高Na血症を伴う細胞脱水などの副作用が考えられます．一般的には3～7％程度の高張食塩水の使用が推奨

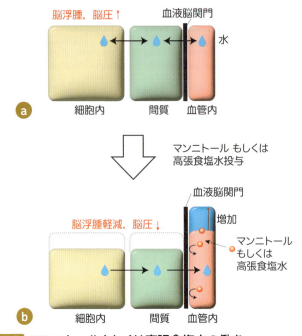

**図8-17** マンニトールもしくは高張食塩水の働き
a 投与前　b 投与後
いずれも血液脳関門を通過できず，血管内浸透圧物質として機能します．

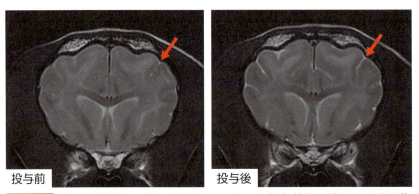

**図8-18** 脳圧亢進疑いの犬におけるマンニトール投与前後の脳MRT2強調像
脳圧亢進に伴い不鮮明であった脳溝（左矢印）が，脳浮腫軽減により明瞭化し（右矢印），投与後における脳全体のコントラストも強くなりました．

されています．国内では1 mEq/mL（5.8％）の塩化ナトリウム補正液が20 mLアンプルで販売されており，犬猫で比較的使用しやすいです．

### ③フロセミド

　フロセミドによる利尿作用単独での十分な頭蓋内圧低下は期待できませんが，マンニトール投与20～30分後にフロセミドを投与することで頭蓋内圧低下状態が持続することが知られています[16]．マンニトールによる循環血液量減少や脱水に伴う電解質異常などの副作用を助長する可能性はありますが，特に重症例ではマンニトールにフロセミドを併用することがあります．

### ④ステロイド

　脳腫瘍に伴う脳浮腫，頭蓋内圧上昇に対してステロイドは有効と考えられています．詳細は不明ですが，血管透過性抑制による血管原性脳浮腫軽減が機序の一つと考えられます．その他，脳炎に伴う脳浮腫，頭蓋内圧上昇にも有効である可能性があります．即効性は期待できませんが，マンニトールなどの頭蓋内圧低下治療と併用することはよくあります．ただし，頭部外傷時におけるステロイド使用については否定的な意見もあります．

## COLUMN　マンニトールの結晶化

　未開封のマンニトールでも室温保存していると輸液バッグの中で結晶化することがあります．根気よく湯煎で温めながら振ることで溶解はしますが，すぐには使えずに困ることも多いです．この事象は20％マンニトールが過飽和状態であることが原因です．保管場所の温度が低下すると結晶化する可能性が高くなりますが，飽和溶解温度が約27.5℃のため通常の室温でも結晶化することがあります．保温庫を用いると結晶化せずに保管可能であり，60℃で1週間もしくは40℃で6カ月の安定性が確認されています．また，15％マンニトール製剤や5％ソルビトール加15％マンニトール製剤であれば室温保存でも結晶が生じる可能性は低いです．特に20％マンニトールの場合，目に見えない微細な結晶が浮遊している可能性もあり，投与ライン内に0.2μmの輸液フィルターを使用することもあります．

> **COLUMN** リバウンド現象

　マンニトールはほとんど代謝されずに腎臓に排泄される物質です．仮にマンニトールが脳血管周囲に漏出した場合，脳組織内で水分を吸着するため頭蓋内圧上昇の一因となる可能性があります．この作用は特に脳出血の急性期や腫瘍などにより血管自体や血液脳関門が破綻している場合に生じやすいとされています．マンニトール投与直後は血管内に多数存在するマンニトールの作用で頭蓋内圧低下が生じますが，血管内マンニトールの排泄後は組織に取り残されたマンニトールが脳浮腫悪化の一因となります．これをリバウンド現象と呼びます．犬猫では，リバウンド現象が病態に及ぼす影響について明確な報告はありません．

# 5．高血糖緊急症への対応

## 定義

　糖尿病に合併する高血糖緊急症には糖尿病性ケトアシドーシス（diabetic ketoacidosis：DKA）と高浸透圧高血糖症候群（hyperosmolar hyperglycemic syndrome：HHS）があります．高血糖緊急症が疑われて，全身状態の悪化（意識変容，食欲不振，脱水など）が生じている場合には，生命の危険があるため緊急対応が必要です．

　DKAは糖尿病に加えて，多くの場合，何かしらの併発疾患やイベント（副腎皮質機能亢進症や炎症性疾患，脱水や各種ストレスなどなど）が加わることで発症します．インスリン作用の枯渇により細胞内へのグルコースの取り込みが減少します．細胞のエネルギー不足を補うために脂肪細胞から遊離脂肪酸が放出され，エネルギー源として利用されます．脂肪酸が代謝されて生じるのが，βヒドロキシ酪酸，アセト酢酸，アセトンなどのケトン体です．ケトン体も通常はエネルギーとして使われますが，DKAでは処理できないほどのケトンが生成されることでケトン血症およびケトン尿が生じます．ケトン体の増加と，高血糖による浸透圧利尿による脱水によって代謝性アシドーシスが

生じます．
　DKAの診断は以下の三つを満たす必要があります．
- 糖尿病である
- 尿ケトン陽性
- 代謝性アシドーシス

　HHSは高血糖と浸透圧利尿による脱水が顕著です．ケトンの上昇は伴いません．HHSの診断基準は以下の二つです．
- 重度の高血糖（600 mg/dL以上）
- 重度の高浸透圧血症（350 mOsm/kg以上）

## 治療

　DKAとHHSともに高血糖に伴う浸透圧利尿によって，脱水と電解質異常が生じているので，輸液による水分補給と電解質補正も重要です．DKAとHHSでは病態が異なりますが，初期の対応は共通する部分が多いので，まとめて解説します．

　DKAとHHSの初期対応におけるポイントは以下の三つです．
①脱水の補正
②インスリン補充
③電解質の補正（K・リン補充）

### ①脱水の補正

　DKAとHHSでは顕著な高血糖になっています．浸透圧の計算式は

$$浸透圧（mOsm/L）= 2（Na^+ + K^+）+ グルコース/18 + BUN/2.8$$

でした．顕著な高血糖では細胞外の浸透圧が高くなるため，細胞内から細胞外へ水分が移動し，細胞内脱水が生じます．また，浸透圧利尿で多尿になるため，血管内脱水も生じます．

　DKAとHHSの初期対応では，まずは細胞外液の補充を行います．選択される輸液製剤は細胞外液（乳酸リンゲル液や生理食塩液）です．初回の蘇生輸液は犬で20～30 mL/kg，猫で10～15 mL/kgの細胞外液を15～20分かけて投与します．初回投与後も循環が維持できない場合には，必要

に応じて蘇生輸液を再度行います．

　蘇生輸液後は細胞外液を10 mL/kg/hにて継続します．輸液速度は体重の変化や意識レベル，尿量，心拍数，血圧などをモニタリングしながら調整します．

　DKAでは細胞内から細胞外へ水が移動するため，低Na血症が認められることがあります．低Na血症はインスリン投与により血糖値が低下するにしたがって改善します．低Na血症が高血糖によるものかを判断するために以下の式により補正Na値を計算します．

## 補正Na（mEq/L）＝Na（mEq/L）＋{現在の血糖値（mg/dL）−正常血糖値）/100}

　補正Na値が正常範囲内であれば，インスリン投与により血中Na濃度は徐々に正常範囲まで上昇するはずです．

　脱水がより顕著な場合（特に腎不全症例）には高Na血症が認められることもあります．高Na血症が持続する場合には，細胞外液の補充を達成したのちに，輸液製剤を1号液に変更して，細胞内液の補充を行います．

### ②インスリン補充

　DKAとHHSの際には血糖値を迅速に調整する必要があります．そのため，インスリンは静脈内投与可能なレギュラーインスリンを用います．

　レギュラーインスリンは生理食塩液に混注してCRIを行います．生理食塩液50 mLあたりにレギュラーインスリン1IU/kgを混ぜます．これを5 mL/h（0.1 IU/kg/h）で持続投与を開始します．レギュラーインスリン投与開始後は1〜2時間ごとに血糖値を測定し，血糖値の低下速度が50〜70 mg/dL/hとなるように調整します．血糖値の低下速度が速すぎる場合は，インスリンの投与速度を25〜50％減少します．血糖値の目標値は200〜300 mg/dLとします．

　経口摂取が可能となるまでは，血糖値250 mg/dL以下になったら輸液製剤にグルコースを添加します．輸液製剤のグルコース濃度を血糖値が150 mg/dLから250 mg/dLの時は2.5％に，150 mg/dL以下の場合は5％に調整します．グルコースの補充により低血糖の発生が予防できます．また，グルコース補充は飢餓状態に陥ることを予防し，インスリン投与を継続する目的もあります．DKAの治療の第一目標はケトンの産生を抑えることで

図8-19 Free Styleリブレ®を用いた血糖値の測定

表8-4 リン補正量

| 低リン血症（血中P⁻濃度） | mmol/kg/h |
|---|---|
| 中等度（1.5～2.5 mg/dL） | 0.01～0.03 |
| 重度（＜1.5 mg/dL） | 0.03～0.2 |

す．ケトンの産生を抑えるためには，しっかりとインスリンを投与し細胞内にグルコースを届ける必要があります．飢餓状態が持続すると血糖値が上がらなくなり，インスリンの投与量も減ってしまいます．この状態では細胞にグルコースが供給されません．グルコースをしっかりと供給し，十分なインスリンの投与量を維持することで，細胞内にグルコースが取り込まれ，ケトンの産生を抑えることができます．

血糖値に測定には持続自己血糖測定器を用いると非侵襲的に頻回のモニタリングが可能であり，動物もスタッフも負担が少なくて済みます（図8-19）．

### ③電解質の補正（K・リン補充）

DKAとHHSでは治療開始時にはK濃度が正常～軽度上昇していることが多いです．インスリン投与を開始すると，インスリンの作用により細胞外から細胞内へKが移動し，血中K濃度が低下します．レギュラーインスリン投与中は重度の低K血症が生じることがあるので，輸液製剤にKを添加し，適切なK補正を行います．また同様にリンも低下します．リン補正も必要となりますが（表8-4），輸液製剤にリンを添加する際にはCaを含まない輸液製剤に混ぜましょう．リン酸製剤とCaを混ぜると白濁して沈殿が生じます．

## 参考文献

1. Grubb T., Sager J., Gaynor J.S., et al. (2020): 2020 AAHA Anesthesia and Monitoring Guidelines for Dogs and Cats, J Am Anim Hosp Assoc. 56(2): 59-82
2. Pardo M., Spencer E., Odunayo A., et al. (2024): 2024 AAHA Fluid Therapy Guidelines for Dogs and Cats, J Am Anim Hosp Assoc. 60(4): 131-163
3. Bae J., Soliman M., Kim H., et al. (2017): Rapid exacerbation of renal function after administration of hydroxyethyl starch in a dog, J Vet Med Sci. 79(9): 1591-1595
4. Noel-Morgan J., Muir W.W. (2018): Anesthesia-associated relative hypovolemia: mechanisms, monitoring, and treatment considerations, Front Vet Sci. 5: 53
5. Endo Y., Kawase K., Miyasho T., et al. (2017): Plethysmography variability index for prediction of fluid responsiveness during graded haemorrhage and transfusion in sevoflurane-anaesthetized mechanically ventilated dogs, Vet Anaesth Analg. 44(6): 1303-1312
6. Kheterpal S., Tremper K.K., Englesbe M.J., et al. (2007): Predictors of postoperative acute renal failure after noncardiac surgery in patients with previously normal renal function, Anesthesiology. 107(6): 892-902
7. Keene B.W., Atkins C.E., Bonagura J.D., et al. (2019): ACVIM consensus guidelines for the diagnosis and treatment of myxomatous mitral valve disease in dogs, J Vet Intern Med. 33(3): 1127-1140
8. Fuentes V.L., Abbott J., Chetboul V., et al. (2020): ACVIM consensus statement guidelines for the classification, diagnosis, and management of cardiomyopathies in cats, J Vet Intern Med. 34(3): 1062-1077
9. Brady C.A., Hughes D., Drobatz K.J. (2004): Association of hyponatremia and hyperglycemia with outcome in dogs with congestive heart failure, J Vet Emerg Crit Care. 14(3): 177-182
10. Burton A.G., Hopper K. (2019): Hyponatremia in dogs and cats, J Vet Emerg Crit Care. 29(5): 461-471
11. McCluskey S.A., Karkouti K., Wijeysundera D., et al. (2013): Hyperchloremia after noncardiac surgery is independently associated with increased morbidity and mortality: a propensity-matched cohort study, Anesth Analg. 117(2):412–421
12. Nolen-Walston R., Sharkey L. (2023): Acid trip: Let's retire the terms "disproportionate hyper/hypochloremia" for electrolyte-based acid-base derangements, Vet Clin Pathol. 252(2):204-207
13. Brochard L., Abroug F., Brenner M.,et al. (2010): An official ATS/ERS/ESICM/SCCM/SRLF statement: Prevention and Management of Acute Renal Failure in the ICU Patient. An International Conference in Intensive Care Medicine, Am J Respir Crit Med. 181(10): 1128-1155
14. Muller K.M., Burkitt-Creedon J.M., Epstein S.E. (2022): Presentation Variables Associated With the Development of Severe Post-obstructive Diuresis in Male Cats Following Relief of Urethral Obstruction, Front Vet Sci. 9:783874

15. Jelsma L.F., McQueen J.D. (1967): Effect of experimental water restriction on brain water, J Neurosurg. 26(1): 35-40
16. Wilkinson H.A., Rosenfeld S.R. (1983): Furosemide and mannitol in the treatment of acute experimental intracranial hypertension, Neurosurgery. 12(4): 405-410

# 9章 栄養輸液

## 1. 総論

　動物が生きるためには水分と電解質の摂取が必要です．これを点滴で補う治療が一般的な輸液療法です．加えて，栄養摂取が不十分であれば，そちらへの介入も必要です．犬猫では少なくとも3日以上の顕著な食欲不振がみられる場合，介入を行った方が良いと考えられています[1]．栄養管理の介入法の一つが栄養輸液です．栄養輸液について学ぶ機会は少ないと思いますので，詳しく解説していきます．

### そもそも栄養とは何か？

　エネルギーは体を動かす燃料として重要であり，エネルギー源として糖質，蛋白質，脂質の三大栄養素を用いることができます．

> 糖質，蛋白質：1 gあたり4 kcal
> 脂質：1 gあたり9 kcal

　(1) エネルギー摂取量が要求量を下回った場合，体内に貯蔵されたグリコーゲン（糖質）→ 脂肪（脂質）→ 筋肉（蛋白質）の順にエネルギー源として使用されます．(2) 摂取量が要求量を上回った場合，グリコーゲンや脂肪として体に蓄積されます．過剰に摂取した蛋白質を体に蓄えることは困難であり，エネルギーを消費して排泄します．(1) が異化亢進で体重減少，(2) は同化亢進で体重が増加します（図9-1）．一方で，摂取量が要求量と等しい場合も問題があります．三大栄養素は体の酵素，ホルモン，細胞膜や筋肉などの材料としても必要だからです．摂取した三大栄養素をすべてエネルギー源として使用すると，生体の構造や恒常性を維持する材料が不足してしまいます．蛋白質は特に大事な材料であり，糖質や脂質で代用はできません．カロリーのみならず，生体の構造や恒常性維持に必要な三大栄養素をバランスよく摂取することが適切な栄養摂取といえます（図9-2）．この他，電解質やビタミンの摂取も必須です．

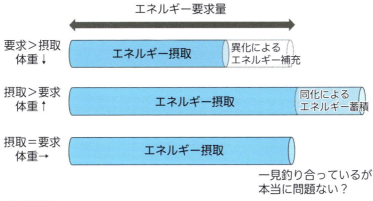

**図9-1** 栄養摂取の過不足による変化

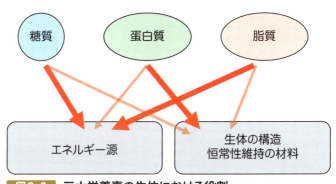

**図9-2** 三大栄養素の生体における役割

## COLUMN ブドウ糖添加による栄養補給は可能か？

　ブドウ糖液は点滴で使用しやすい栄養成分です．例えば，電解質を含まない5％ブドウ糖液は浸透圧比1であり，末梢血管から投与可能です．ただし，5％ブドウ糖液は1 mLあたり0.2 kcalのエネルギーにしかなりません．例えば，体重10 kgの犬の1日静時エネルギー要求量は390 kcalです．エネルギー量を満たすだけで毎日1.95Lもの5％ブドウ糖液が必要になります．輸液速度は8 mL/kg/hとあまりに多く，非現実的です．同じ理由で1〜2％のブドウ糖を添加した乳酸リンゲル輸液も栄養として大きな期待はできません．

## 栄養輸液の概要

　栄養輸液とは高濃度の栄養成分を静脈内投与することです．すべての栄養を栄養輸液でまかなう完全静脈栄養が注目された時代もありましたが，現在では栄養摂取の主役は経腸です．昨今では，経腸栄養が消化管機能維持や腸内細菌の体内移行を抑制するために必須であることが明らかとなり，同時に栄養輸液では過剰な栄養負荷を生じやすいなどのデメリットが存在するためです．栄養輸液はあくまで脇役で，経腸の不足分を補う目的で行います．補う際に完全補助を目的にするか，もしくは部分的補助を目的とするかによって調剤が異なります．また，投与経路に基づき末梢静脈栄養と中心静脈栄養に分けることができます．

## 中心静脈栄養と末梢静脈栄養

　中心静脈栄養とは，中心静脈カテーテルを介して実施する栄養輸液です．中心静脈とは心臓に近く太い前大静脈などの血管で，頸静脈から刺入した長いカテーテルの先端を心臓に入る手前の前大静脈付近に留めたものを中心静脈カテーテルと呼びます．基本手技は頸静脈へのカテーテル設置と同様ですが，中心静脈カテーテルセットと無菌操作が必要で，犬猫では鎮静もしくは麻酔下で実施することが多いです．一方，末梢静脈栄養は普段の輸液と同じく，橈側皮静脈などのルートで栄養輸液を投与するだけです．

　中心静脈栄養が必要となる理由として，輸液製剤の濃度，厳密に言えば浸透圧が関係します．高浸透圧の輸液は血管炎や血管痛の原因となるため，末梢静脈に投与できません．中心静脈の場合，投与後の輸液製剤は即座に大量の血液で希釈されるので，血管障害を生じません．一般的には浸透圧比3※を超える輸液製剤は中心静脈投与するべきです．浸透圧比3以下の輸液製剤は末梢静脈でも投与可能とされていますが，血管が細い小型犬や猫では浸透圧比2程度までに制限した方が無難です．輸液量を抑えて，たくさんの栄養を投与しようとすれば，中心静脈カテーテルが必要になります．

## 栄養輸液の浸透圧比

　栄養輸液は，ブドウ糖，アミノ酸，脂肪乳剤，電解質およびビタミンが主な

---

※浸透圧比：生理食塩液の浸透圧を基準にした際の浸透圧の比，浸透圧比3とは生理食塩液の3倍の浸透圧を持つという意味

構成成分です．蛋白質は分子量が大きく輸液できないので，アミノ酸を用います．アミノ酸輸液の浸透圧比は概ね2〜3，脂肪乳剤の浸透圧比は1です．アミノ酸輸液はやや浸透圧が高めですが，ともに末梢静脈からの投与が可能です．一方，ブドウ糖液は使用濃度が5％増えるごとに浸透圧比が1程度上昇します．実際には5％ブドウ糖液は浸透圧比1で，50％ブドウ糖液だと11です．中心静脈投与が必要となる浸透圧比3を超える栄養輸液になるかどうかは，使用するブドウ糖液の濃度に大きく依存します．

## 健常犬猫の栄養必要量の概要

栄養輸液の調剤を考える際に，まずは1日あたりの栄養要求量を考える必要があります．犬猫の1日に最低限必要となるエネルギー量は，安静時エネルギー要求量(resting energy requirement: RER)として理想体重に基づき算出します．理想体重はBCSから想定される適正体重です(**表9-1**)[2]．いくつかの計算式がありますが，犬猫ではすべての体重で適応可能である70 kcal/day×理想体重(kg)$^{0.75}$，もしくは体重2〜25 kgで適応可能な簡易式の30 kcal/day×理想体重(kg)+70 kcal/dayが一般的です(**表9-2**)[3]．

水分必要量目安は犬で132 mL/day×理想体重(kg)$^{0.75}$，猫で80 mL/day×理想体重(kg)$^{0.75}$が目安となりますが，体重ごとの必要量が表で示されたものを利用しても良いかもしれません(**表9-3, 4**)[3]．なお通常活動を行っている健常犬猫にとって十分な1日必要エネルギー量(daily

**表9-1** BCSと理想体重の関係性[1]

| 9段階評価のBCS | 5段階評価のBCS | 理想体重に対する体重比(％) |
|---|---|---|
| 4 | 2.5 | 理想 |
| 5 | 3 | 理想 |
| 6 | 3.5 | 110 |
| 7 | 4 | 120 |
| 8 | 4.5 | 130 |
| 9 | 5 | 140 |
| >9 | >5 | >140 |

理想体重の算出例：5段階のBCS評価で4と評価された12 kgの犬は，理想体重10 kgと想定

energy requirement: DER)と1日水分必要量は，単位は異なるもののほぼ同じ値とされています[3]．

その他，生体の構造や恒常性を維持するための蛋白質は犬で1日あたりRER100 kcalにつき4 g，猫ではRER100 kcalにつき6 gです[4]．この100 kcalは糖もしくは脂質由来のエネルギーである必要があります．実際には病態によって蛋白質必要量は変化します．

栄養輸液における犬猫のNa，K，Clの最低必要量については不明確ですが，3号液を参考にいずれも20〜40 mEq/L程度の濃度で調整すると良いと考えます．また，エネルギー代謝の補酵素として機能するビタミンB群の積極的補充も推奨されています[5]．例えば，B1（チアミン），B2（リボフラビン），ナイアシン（ニコチン酸），パントテン酸，B6（ピリドキシン），B12（シアノコバラミン）などが候補として挙がります．ビタミンB群は水溶性ビタミンで安全域が広く，投与量は明確ではありませんが，ヒト用ビタミンB複合剤を0.2 mL/100 kcalくらいで添加するのが一般的です．

**表9-2　犬猫の安静時エネルギー要求量（RER）の計算法[2]**

| すべての体重で適応可 | $70 \times (体重〈kg〉)^{0.75}$ kcal/day |
|---|---|
| 理想体重10 kgの犬の場合における計算例 | $70 \times (10)^{0.75} = 392$ kcal/day |
| 体重2〜25 kgのみ適応可 | $30 \times (体重〈kg〉) + 70$ kcal/day |
| 理想体重 10 kg の犬の場合における計算例 | $30 \times 10 + 70 = 370$ kcal/day |

＊電卓での0.75乗の計算法：3乗したあと，ルートキーを2回押します．
体重10 kgの場合：まずは3乗（10×10×10＝1000）その後ルートキー2回（31.6 → 5.6）

**表9-3　犬における水分必要量の一覧[3]（続く）**

| 理想体重（kg） | 1日必要水分量（mL） | 1時間あたりの水分必要量（mL/h） |
|---|---|---|
| 1 | 132 | 6 |
| 2 | 214 | 9 |
| 3 | 285 | 12 |
| 4 | 348 | 15 |
| 5 | 407 | 17 |
| 6 | 463 | 19 |
| 7 | 515 | 21 |
| 8 | 566 | 24 |

表9-3 (続き) 犬における水分必要量の一覧[3]

| 理想体重(kg) | 1日必要水分量(mL) | 1時間あたりの水分必要量(mL/h) |
| --- | --- | --- |
| 9 | 615 | 26 |
| 10 | 662 | 28 |
| 11 | 707 | 29 |
| 12 | 752 | 37 |
| 13 | 795 | 38 |
| 14 | 837 | 40 |
| 15 | 879 | 42 |
| 16 | 919 | 43 |
| 17 | 959 | 45 |
| 18 | 998 | 46 |
| 19 | 1,037 | 48 |
| 20 | 1,075 | 49 |
| 21 | 1,112 | 51 |
| 22 | 1,149 | 52 |
| 23 | 1,185 | 54 |
| 24 | 1,221 | 55 |
| 25 | 1,256 | 57 |
| 26 | 1,291 | 58 |
| 27 | 1,326 | 59 |
| 28 | 1,360 | 66 |
| 29 | 1,394 | 73 |
| 30 | 1,427 | 79 |
| 35 | 1,590 | 85 |
| 40 | 1,746 | 31 |
| 45 | 1,896 | 33 |
| 50 | 2,041 | 35 |

表9-4 猫における水分必要量の一覧[3]

| 理想体重(kg) | 1日必要水分量(mL) | 1時間あたりの水分必要量(mL/r) |
| --- | --- | --- |
| 1.0 | 80 | 3 |
| 1.5 | 108 | 5 |
| 2.0 | 135 | 6 |
| 2.5 | 159 | 7 |
| 3.0 | 182 | 8 |
| 3.5 | 205 | 9 |
| 4.0 | 226 | 9 |
| 4.5 | 247 | 10 |
| 5.0 | 268 | 11 |

9 栄養輸液

## 三大栄養素の輸液製剤

### ブドウ糖液

栄養輸液では5％もしくは50％のブドウ糖液を主に使用します．RERの50％程度の栄養補給を目的とする場合は5％ブドウ糖液，RERに近い栄養補給を目的とする場合は50％ブドウ糖液を用います．後者を用いた場合，浸透圧比が増加するので中心静脈からの投与が必要となります．5％ブドウ糖液は1 mLあたり0.2 kcal，50％ブドウ糖液は2 kcal分の糖を含みます．

### 脂肪乳剤

国内では10％と20％製剤が入手可能であり，濃度にかかわらず浸透圧比は1です．10％製剤は1 mLあたり1.1 kcal，20％製剤は2 kcal分の脂肪を含みます．ヒトでは血液凝固障害や高脂血症の患者には投与禁忌とされています．免疫抑制への懸念から2 g/kg/day以下での使用を推奨する意見もあります（20％製剤だと10 mL/kg/dayに相当）[2]．特に，慢性的な栄養障害では必須脂肪酸欠乏症の危険性もあるため，脂肪乳剤投与は必須です[5]．

### アミノ酸製剤

アミノ酸製剤は大きく分けて総合アミノ酸，肝不全用アミノ酸，腎不全用アミノ酸に分類できます．アミノ酸濃度が高く，汎用性が高いのは総合アミノ酸製剤です．後者二つはアミノ酸濃度が比較的に低く，腎不全用は非必須アミノ酸含を減らしBCAAを強化，肝不全用はBCAAやアルギニンを強化しメチオニンやチロシンを減らしています．肝不全用アミノ酸の適応は肝性脳症などを伴う肝不全であり，ALTやAST上昇を伴う肝傷害であれば総合アミノ酸製剤を選択します．浸透圧比は2〜3の5〜10％アミノ酸製剤が多く，エネルギー含量に換算すると1 mLあたり0.2〜0.4 kcalです．

# 2. 完全補助を目的とした栄養輸液の実際

## 計算例

### Step 1：栄養輸液計画の作成（表9-5）

① まずは理想体重からRERおよび水分必要量を算出します．体重10 kg

**表9-5 理想体重10 kgの犬で完全補助を目的とした栄養輸液計画**

| 計算式 |
|---|
| ①RERおよび水分必要量の算出<br>　表9-2, 3よりRER およそ390 kcal, 水分必要量およそ660 mL |
| ②栄養輸液での必要量の算出<br>　（およそ40 kcal, 50 mLの経腸摂取の場合）<br>　エネルギー必要量：350 kcal, 水分必要量：610 mL |
| ③蛋白質必要量の算出（通常の犬：4 g/RER100 kcal）<br>　4（g/100 kcal）×350（kcal）=14（g） |
| ④エネルギー源の投与体積の算出（糖と脂肪の分担比率が50：50の場合）<br>　糖質：175 kcal, 脂質：175 kcal<br>　　50%ブドウ糖液（浸透圧比11）：175（kcal）÷2（kcal/mL）= 87.5（mL）<br>　　20%脂肪乳剤（浸透圧比1）：175（kcal）÷2（kcal/mL）= 87.5（mL） |
| ⑤アミノ酸製剤投与体積の算出<br>　10%総合アミノ酸製剤使用時（モリプロンF：0.1 g/mL, 浸透圧比3）<br>　　14（g）÷0.1（g/mL）=140（mL） |
| ⑥総輸液量と浸透圧比の確認<br>　総投与量：87.5+87.5+140=315（mL）<br>　浸透圧比：（11×87.5+1×87.5+3×140）/315=4.7 |

の犬では，およそ390 kcalおよび660 mLとなります．

② ①で算出したRERのうち経腸栄養での摂取量を差し引いて，栄養輸液でのエネルギー投与必要量を算出します．仮に経腸で40 kcalのエネルギーと50 mLの水を摂取している場合，エネルギー必要量は350 kcal，水分必要量は610 mLになります．

③ 次に蛋白質必要量を算出します．この例では14 gとなります．

④ ②で算出されたエネルギー必要量をブドウ糖液と脂肪乳剤で補えるように，投与体積を算出します．糖と脂肪のエネルギー分担比率は40：60，50：50もしくは60：40程度で行います．ここでは50：50として50%ブドウ糖液と20%脂肪乳剤を使用するとした場合，50%ブドウ糖液と20%脂肪乳剤はそれぞれ87.5 mLとなります．禁忌ではありませんが，脂肪投与量が1.75 g/kg/day投与されることとなり上限量に近くなります．高血糖リスクはありますが，糖の分担比率を70％まで増やした方が良いかもしれません．

⑤ ③で算出された蛋白質必要量をアミノ酸製剤で補えるように，投与体積を算出します．製剤により異なりますが，10%総合アミノ酸製剤であ

るモリプロン®Fという製剤を用いた場合，140 mLとなります．

⑥ ④⑤を合わせて総投与量を算出します．この例では315 mLとなります．これは②で算出した水分必要量を下回っており，300 mL程の電解質輸液を加えて良いことがわかります．栄養輸液と電解質輸液を別ルートから投与する場合，浸透圧比4.7の栄養輸液は中心静脈投与が必要です．栄養輸液と電解質輸液を混ぜて投与する場合でも，浸透圧比は3前後になると想定されるため，中心静脈投与が望ましいと考えます．

### Step 2：電解質液の追加

水分必要量610 mLに対して総投与量が315 mLであるため，輸液量が295 mL不足しています．例えば乳酸リンゲル液275 mLと1 mEq/Lの塩化カリウム補正液20 mLを添加すると，Na濃度が50〜60 mEq/L，K濃度が30 mEq/L程度となります．

### Step 3：ビタミンなどの追加

最後にビタミンの追加です．短期的にはビタミンB群の追加が主となります．厳密な投与量はありませんが，ビタミンB複合剤を0.2 mL/100 kcal添加します．その他，長期的な栄養不足が生じている場合，微量ミネラル（亜鉛，銅，マンガンなど）や脂溶性ビタミン（A，D，E，K）の補充も必要とされます．

### Step 4：投与方法の検討

すべてを混ぜて中心静脈に投与することは可能ですが，ヒトでは脂肪乳剤を他の輸液製剤と混ぜずに三方活栓で合流させて投与することが一般的です[5]．一部のビタミンは光に非常に弱いため，十分な遮光が必要です．今回の場合，最終的な投与体積は600 mL程度で24時間投与と考えると，1時間あたりの投与速度は25 mLくらいです．

## 高カロリー輸液用キット

ヒトの高カロリー輸液キットで，電解質＋糖で調剤されたハイカリック®やハイカリック®NCは犬猫の栄養輸液でも便利かもしれません．先の栄養輸液計画でいくと50％ブドウ糖液の代わりに糖濃度35.7％のハイカリック®NCを使用すると，適度にNa，K，Clが含まれた栄養輸液になります．

## 完全静脈栄養の適応

　長期的に経口の栄養摂取が困難と考えられる場合が完全静脈栄養の適応と考えられます．完全静脈栄養の場合，中心静脈投与が基本となります．ただし，犬猫では中心静脈カテーテル設置に鎮静・麻酔が必要となります．近年では経腸栄養の重要性が明らかとなっており，同じ鎮静・麻酔を行うなら食道瘻や胃瘻カテーテル設置を行い，積極的に経腸栄養ルートを確保することが増えています．このような背景から犬猫で完全静脈栄養を行う場面は極めて稀となっています．

# 3. 部分補助を目的とした栄養輸液の実際

　完全補助とは異なり，経腸と静脈栄養を合わせてもRERを満たせない前提で行う栄養管理です．この場合，投与するアミノ酸製剤もエネルギーとして消費されるため，完全補助の場合と計画が異なります．RERの50％までの栄養輸液の場合は5％ブドウ糖液で作成するため，末梢静脈からの投与が可能なケースも多いです．

## 計算例

### Step 1：栄養輸液計画の作成（表9-6）

① 先程と同様に理想体重（10 kgとします）からRERおよび水分必要量を算出します．およそ390 kcalおよび660 mLとなります．
② RERの50％を栄養輸液で補う計画の場合，栄養輸液のエネルギー必要量は195 kcalになります．
③ エネルギー源は糖，アミノ酸，脂肪の三つです．基本的に1：1：1の分担比率で問題ありませんが，⑤の総投与体積が大きくなる場合は1：1：2など脂肪の割合を多くしても良いです．ここでは1：1：1で計算したので，それぞれ65 kcalずつ分担する必要があります．
④ 5％ブドウ糖液は0.2 kcal/mL，10％アミノ酸製剤は0.4 kcal/mL，20％脂肪乳剤は2 kcal/mLなので，投与量はそれぞれ325 mL，163 mL，33 mLとなります．
⑤ ④をすべて合わせて総投与量が521 mL，浸透圧比は1.6で末梢静脈投

**表9-6** 理想体重10 kgの犬で部分補助を目的とした栄養輸液計画

| 計算式 |
|---|
| ①RERおよび水分必要量の算出（**表9-2**参照）<br>　132×(体重)$^{0.75}$＝132×(10)$^{0.75}$≒740（kcalあるいはmL） |
| ②栄養輸液での必要量の算出<br>　（RERの50％を栄養輸液で補助する場合）<br>　**50％エネルギー必要量：195 kcal** |
| ③エネルギー源の決定<br>　**基本的に糖，アミノ酸，脂肪の分担比率を1：1：1で設定**<br>　　195（kcal）÷3＝65（kcal）<br>　**糖，アミノ酸，脂肪を65 kcalずつ点滴投与** |
| ④各種栄養剤の量の決定<br>　**5％ブドウ糖液：65（kcal）÷0.2（kcal/mL）＝325（mL）**<br>　**10％総合アミノ酸製剤：65（kcal）÷0.4（kcal/mL）＝163（mL）**<br>　**20％脂肪乳剤：65（kcal）÷2（kcal/mL）＝33（mL）** |
| ⑤総輸液量と浸透圧比の確認<br>　**総投与量：325＋163＋33＝521（mL）**<br>　**浸透圧比：（1×325＋3×165＋1×33）/521＝1.6** |

与が可能です．この投与量は水分必要量を下回っているので，140 mL程の電解質輸液を追加することが必要です．

### Step 2：電解質液，ビタミンの追加

完全補助と同様の考えで電解質液およびビタミンを追加します．

### Step 3：投与方法の検討

電解質輸液140 mLを加えた栄養輸液の総投与量は660 mL程度です．24時間投与と考えると1時間あたり28 mLくらいを末梢血管から投与する計画になります．

## 部分静脈栄養の適応

RERの50％程度の部分静脈栄養であれば，末梢静脈栄養が可能です．また，完全静脈栄養と比較して，栄養過剰や高血糖などの合併症は稀であり，比較的に取り組みやすい栄養輸液法と言えます．長期的な栄養管理には不向きですが，経腸栄養に足す補助や周術期における短期的な栄養補充には有用な方法です．

# 4. 栄養輸液の注意点

　栄養輸液の調剤や投与時には感染に注意する必要があります．特に，脂肪乳剤が通る輸液ラインは24時間ごとに交換することが推奨されます[5]．

　栄養輸液計画にあるエネルギー要求量などはあくまで計算上の値であり，活動性や病態により増減することはよくあります．栄養や水分不足の場合は体重減少，過剰な栄養負荷では体重増加，高血糖や高脂血症などの異常が生じます[6,7]．特に完全静脈栄養は部分静脈栄養よりも管理が難しく，実際には細かな調整が必要となります．定期的な血液検査によるモニタリングと栄養輸液組成もしくは投与速度の微調整が重要となります．基本的に電解質異常が顕著な場合は，栄養輸液によるエネルギー充足よりも電解質補正を優先します．

　脂肪乳剤投与と急性膵炎発生の因果関係は不明確ですが，高トリグリセリド血症が生じている場合は脂肪乳剤投与を避けた方が良いと考えられます[5]．

　その他，犬猫で敗血症などの重症感染症症例に対する栄養輸液が予後にどのような影響を及ぼすかは不明確ですが，現状は栄養輸液を含む介入メリットが上回ると考えます[8,9]．

---

**COLUMN　リピッドレスキュー**

　脂肪乳剤は栄養輸液の用途を主に販売されていますが，近年では脂溶性物質の中毒時の症状緩和を目的に使用されることが増えています．例えば麻酔分野ではリドカインやブピバカインなどによる局所麻酔中毒時の使用が推奨されています．犬では脂肪乳剤を4 mL/kg静脈内投与後に0.5 mL/kg/min，猫では1.5 mL/kg静脈内投与後に0.25 mL/kg/minで30〜60分ほど持続静脈内投与します．救急領域ではペルメトリンやイベルメクチン，モキシデクチン，バクロフェンやイブプロフェン中毒などで同様に使用されています．

##  リフィーディング症候群

　飢餓状態にある動物に対して急激に高栄養輸液を行った場合，強いインスリン分泌刺激を引き起こすことでリンやKの細胞内移動が急激に生じます．この結果，低リン低K血症などの電解質異常が生じ，致死的合併症に繋がることがあります．長期栄養不良により脂肪や筋肉の異化亢進が進んでいる犬猫に対する急激な糖負荷が特に危険です．このような場合に栄養輸液を開始する場合，静脈輸液での電解質およびビタミン補充を最優先とし，1日必要エネルギー量の1/4程度の栄養補助から開始した方が安全です．徐々にエネルギー負荷を増やし，4〜5日ほどで完全補助を目指すことが一般的です．

## 栄養輸液の混合

　ブドウ糖液とアミノ酸製剤は混合後に時間が経つとメイラード反応により成分変化が生じて変色します．このような理由でヒト用の製剤はダブルバッグとして出荷され，使用直前に混ぜ合わせる仕様となっています．一方，脂肪乳剤はブドウ糖液，電解質液やアミノ酸製剤と混合すると時間とともに脂肪粒子が凝集し，脂肪塞栓などを引き起こす可能性が指摘されています．基本的にブドウ糖液とアミノ酸製剤の混合は毎回の調剤時に行い，脂肪乳剤はこれらと直接混ぜず，三方活栓を用い栄養輸液ラインの側管から合流させて投与することが推奨されます．

## 参考文献

1. Geensmith T.D., Chan D.L. (2021): Audit of the provision of nutritional support to mechanically ventilated dogs and cats, J Vet Emerg Crit Care. 31(3): 387-395
2. Brooks D., Churchill J., Fein K., et al. (2014): 2014 AAHA weight management guidelines for dogs and cats, J Am Anim Hosp Assoc. 50(1): 1-11

3. DiBartola S.P., Bateman S. (2006): Introduction to fluid therapy. In: Fluid, electrolyte and acid-base disorders in small animal practice., (DiBartola S.P. eds), 331-350, Saunders
4. Chan D.L., Freeman L.M. (2006): Parenteral neutrition. In: Fluid, electrolyte and acid-base disorders in small animal practice., (DiBartola S.P. eds), 605-622, Saunders
5. 一般社団法人日本静脈経腸栄養学会編集. (2013): 静脈経腸栄養ガイドライン. 第3版.
6. Chan D.L., Freeman L.M., Labato M.A., et al. (2002): Retrospective evaluation of partial parenteral nutrition in dogs and cats, J Vet Intern Med. 16(4): 440-445
7. Queau Y., Larsen J.A., Kass P.H., et al. (2011): Factors associated with adverse outcomes during parenteral nutrition administration in dogs and cats, J Vet Intern Med. 25(3): 446-452
8. Liu D.T., Brown D.C., Silverstein D.C. (2012): Early nutritional support is associated with decreased length of hospitalization in dogs with septic peritonitis: A retrospective study of 45 cases (2000-2009), J Vet Emerg Crit Care. 22(4): 453-459
9. Smith K.M., Rendahl A., Sun Y., et al. (2019): Retrospective evaluation of the route and timing of nutrition in dogs with septic peritonitis: 68 cases (2007-2016), J Vet Emerg Crit Care. 29(3): 288-295

# Index
索引

## 欧文

| | |
|---|---|
| 1回拍出量 | 102 |
| 1号液 | 14, 33, 46 |
| ——の分布 | 42 |
| 1日Na必要量 | 129 |
| 1日必要エネルギー量（DER） | 155 |
| 1日必要水分量 | 123 |
| 3号液 | 16, 33, 46 |
| ——の分布 | 42 |
| 3％食塩水 | 80 |
| 5％ブドウ糖液 | 34, 46 |
| ——の分布 | 41 |
| ATP | 70 |
| base excess（BE） | 58 |
| capillary refilling time（CRT） | 38 |
| Cl | 31 |
| caudal vena cava（CVC） | 108 |
| CVC/Ao | 109 |
| daily energy requirement（DER） | 155 |
| diabetic ketoacidosis（DKA） | 146 |
| fluid tolerance | 113 |
| Frank-Starlingの法則 | 102, 112 |
| GI療法 | 86 |
| Global FAST | 107 |
| $HCO_3^-$ | 32, 56 |
| Henderson-Hasselbalchの式 | 56 |
| hyperosmolar hyperglycemic syndrome（HHS） | 146 |
| hypovolemic shock | 92, 94 |
| KCl | 90 |
| lactate | 58 |
| lactic acid | 58 |
| mean atrial pressure（MAP） | 105 |
| osmolarity | 44 |
| $PCO_2$ | 56 |
| pH | 55 |
| point of care検査 | 107 |
| post-obstructive diuresis（POD） | 136 |
| resting energy requirement（RER） | 155 |
| Starlingの法則 | 51, 124 |
| Stewart approach | 63 |
| storong ion gap（SIG） | 68 |
| strong ion difference（SID） | 64 |
| syndrome of inappropriate antidiuresis（SIADH） | 78 |
| TCA回路 | 70 |
| V1a受容体 | 81 |
| V1b受容体 | 81 |
| V2受容体 | 81 |
| γ（ガンマ）計算 | 101 |

## あ

| | |
|---|---|
| アシデミア | 54 |
| アシドーシス | 54 |
| アスパラギン酸カリウム | 90 |
| アドレナリン | 100 |
| アニオンギャップ（AG） | 61 |
| アミノ酸製剤 | 158 |
| アルカレミア | 54 |
| アルカローシス | 54 |
| アルドステロン | 88 |
| アルブミン | 50, 63 |
| アルブミンイオン | 64 |
| アルブミン製剤 | 99 |
| アンジオテンシンⅡ受容体拮抗薬（ARB） | 84 |
| 安静時エネルギー要求量（RER） | 155 |
| アンチトロンビン | 53 |

## い

| | |
|---|---|
| 胃拡張・胃捻転症候群 | 93 |
| 閾膜電位 | 82, 85 |
| 維持液 | 16, 33 |
| 維持輸液 | 33, 97 |
| インジェクションプラグ | 22 |
| 飲水制限 | 117 |
| インスリン | 148 |

166

# Index 索引

## う
うっ血性心不全　127

## え
栄養管理　126
栄養輸液　126, 152
栄養輸液計画　158, 161
延長ライン　17

## お
オスモル　44

## か
開始液　14
改訂Starlingの法則　51
解糖系　70
過剰塩基（BE）　58
過剰輸液　120
カリウムイオン　31, 34
間質　30
肝性脳症　91
完全静脈栄養　154, 161

## き
偽性高K血症　82
偽性低Na血症　76
急性呼吸窮迫症候群　52, 113
急性腎障害（AKI）　132
強イオンアプローチ　63
強イオンギャップ（SIG）　68
強イオン差（SID）　64

## く
クスマウル呼吸　57
グリコカリックス　51, 96, 99
グリコサミノグリカン　52
グルコン酸カルシウム　85
クレンメ　19, 22

## け
経腸栄養　154
血液脳関門　141
血液分布異常性ショック　92, 96
血管外細胞外液　124
血管収縮薬　99
血管床　96, 104
血管透過性　52
血管内脱水　38
血中尿素窒素（BUN）　44
ケト酸イオン　62
ケトン体　146
嫌気代謝　70, 106

## こ
コアリング　20
高Cl血症　133
高K血症　81, 106
高Na血症　37, 72
抗アルドステロン薬　62
高カロリー輸液用キット　160
高血糖緊急症　146
高脂血症　76
膠質液　50
膠質浸透圧　50
高浸透圧高血糖症候群　146
高浸透圧性低Na血症　77
高体液量（hypervolemic）タイプ　73, 78
後大静脈　108
後大静脈/大動脈比　109
高張液　46
高張食塩水　143
高張電解質輸液　46
高乳酸血症　69, 107
後負荷　102
抗利尿ホルモン不適合分泌症候群　78
呼吸性因子　56
ゴム栓　28
コロイド　50

167

| | | | | |
|---|---|---|---|---|
| コンパートメント | 30 | | 新鮮凍結血漿 | 99 |
| | | | 心タンポナーデ | 105 |
| | | | 腎低灌流 | 132 |

## さ

| | | | | |
|---|---|---|---|---|
| サードスペース | 78, 124 | | 心停止後心筋障害 | 101 |
| 細胞外液 | 13, 30 | | 浸透圧 | 44 |
| 細胞内液 | 30 | | 浸透圧性脱髄症候群 | 78 |
| 細胞内脱水 | 37 | | 心房利尿性ペプチド | 129 |
| 酢酸リンゲル液 | 32, 35 | | 腎瘻カテーテル | 136 |
| 左室内腔径 | 120 | | | |
| 酸塩基平衡 | 54 | | | |
| 三方活栓 | 17 | | | |

## し

## す

| | | | | |
|---|---|---|---|---|
| 糸球体濾過量 | 135 | | 水分欠乏量 | 74 |
| 持続自己血糖測定器 | 149 | | 水分必要量 | 156 |
| 脂肪乳剤 | 158 | | 頭蓋内圧 | 140 |
| 弱イオン | 64 | | 頭蓋内圧亢進 | 139 |
| 周術期 | 116 | | ステロイド | 145 |
| 周術期合併症 | 116 | | スピロノラクトン | 62 |
| 重炭酸 | 32 | | スリップイン型 | 18 |
| 重炭酸リンゲル液 | 35 | | | |
| 重炭酸ナトリウム | 67, 86 | | | |

## せ

| | | | | |
|---|---|---|---|---|
| 術後急性腎不全 | 121 | | 静止膜電位 | 82, 85 |
| 術後輸液 | 122 | | 生理食塩液 | 31, 34, 46, |
| 術前輸液 | 117 | | ——の分布 | 40 |
| 術中輸液 | 118 | | 清澄水 | 117 |
| 循環血液量 | 30 | | セカンドスペース | 124 |
| 循環血液量減少 | 117 | | 絶対的循環血液量不足 | 119, 122 |
| 循環血液量減少性ショック | 92, 94 | | 前負荷 | 102, 119 |
| 循環作動薬 | 99 | | | |

## そ

| | | | | |
|---|---|---|---|---|
| 晶質液 | 50 | | 相対的循環血液量不足 | 120 |
| 晶質浸透圧 | 50 | | 組織低酸素 | 70 |
| 静脈灌流量 | 129 | | 蘇生輸液 | 97 |

## た

| | | | | |
|---|---|---|---|---|
| ショック | 92 | | 代謝性因子 | 56 |
| シリンジポンプ | 26 | | 代償反応 | 56, 59, 117 |
| 心因性多飲症 | 78 | | 脱水 | 37 |
| 心外閉塞・拘束性ショック | 93 | | 多尿期 | 134 |
| 心原性ショック | 93 | | 中心静脈栄養 | 154 |
| 人工膠質液 | 98 | | | |
| 人工コロイド液 | 98 | | | |

## ち, つ

| | |
|---|---|
| 張度 | 45 |
| ツルゴール | 38 |

## て

| | |
|---|---|
| 低K血症 | 86, 149, 164 |
| 低Mg血症 | 90 |
| 低Na血症 | 76 |
| 低アルブミン血症 | 141 |
| 低浸透圧性低Na血症 | 77 |
| 低体液量 (hypovolemic) タイプ | 73, 78 |
| 低張液 | 46 |
| 低張電解質輸液 | 46, 50 |
| 電解質 | 72 |
| 電子伝達系 | 70 |
| 点滴筒 | 19 |
| テント状T波 | 82 |

## と

| | |
|---|---|
| 透析 | 138 |
| 等体液量 (normovolemic) タイプ | 73, 78 |
| 糖蛋白質 | 52 |
| 等張液 | 46 |
| 等張電解質輸液 | 46 |
| 糖尿病性ケトアシドーシス (DKA) | 57, 90, 146 |
| ドパミン | 99 |
| ドブタミン | 101 |
| ドロップセンサー | 23, 25 |

## な

| | |
|---|---|
| ナトリウムイオン | 31 |

## に

| | |
|---|---|
| 乳酸 | 58 |
| 乳酸アシドーシス | 69, 107 |
| 乳酸イオン | 58, 62 |
| 乳酸クリアランス | 107 |
| 乳酸値 | 106 |
| 乳酸リンゲル液 | 32, 35, 46, 118 |
| 尿管閉塞 | 136 |
| 尿素 | 44 |

## の

| | |
|---|---|
| 脳灌流圧 | 140 |
| 濃厚赤血球 | 82 |
| 脳脊髄液 | 140 |
| 脳浮腫 | 141 |
| 脳ヘルニア | 140 |
| ノルアドレリン | 99, 104, 117 |

## は

| | |
|---|---|
| 敗血症性ショック | 96 |
| 敗血症性心筋症 | 101 |
| 肺血栓塞栓症 | 93, 105 |
| バソプレシン | 78, 81, 100 |
| バソプレシン受容体拮抗薬 | 78 |
| 半透膜 | 31 |

## ひ

| | |
|---|---|
| 皮下輸液 | 138 |
| 非機能性細胞外液 | 124 |
| ビタミンB | 156 |
| ピモベンダン | 101 |

## ふ

| | |
|---|---|
| ファーストスペース | 124 |
| ファンコーニ症候群 | 62 |
| 浮腫 | 40, 120, 125 |
| ブドウ糖液 | 153, 157 |
| 部分静脈栄養 | 162 |
| プライミング | 27 |
| フロセミド | 128, 145 |

## へ

| | |
|---|---|
| 平均血圧 | 105 |
| 閉塞後利尿 | 123, 136 |
| ヘパリン | 53 |

**169**

## ほ

| | |
|---|---|
| 補充輸液 | 33, 97 |
| 補正輸液 | 97 |
| ポンピング | 27 |

## ま

| | |
|---|---|
| 末梢静脈栄養 | 154 |
| 末梢静脈ライン | 20 |
| マルチモーダル鎮痛 | 123 |
| 慢性腎不全 | 138 |
| マンニトール | 143 |
| ──の結晶化 | 145 |

## め，も

| | |
|---|---|
| メイラード反応 | 164 |
| 毛細血管再充満時間 | 38 |

## ゆ

| | |
|---|---|
| 有効血漿浸透圧 | 45 |
| 有効浸透圧 | 45 |
| 有効浸透圧物質 | 45 |
| 輸液 | |
| ──に用いる道具 | 17 |
| ──の投与速度 | 22, 97 |
| 輸液製剤 | |
| ──の種類 | 31 |
| ──の組成 | 32 |
| 輸液セット | 17 |
| 輸液忍容性 | 113 |
| 輸液バッグ | 17 |
| 輸液反応性 | 109, 112 |
| 輸液必要性 | 112 |
| 輸液ポンプ | 23 |
| 輸血ポンプ | 25 |
| 輸血用血液製剤 | 36 |
| 油性マーカーペン | 28 |

## よ

| | |
|---|---|
| 溶血 | 82 |
| 翼状針 | 17 |

## り

| | |
|---|---|
| 利尿薬 | 137 |
| リバウンド現象 | 146 |
| リピッドレスキュー | 163 |
| リフィーディング症候群 | 88, 164 |
| 留置針 | 20 |
| リンゲル液 | 32, 34 |
| リン酸イオン | 64 |

## る

| | |
|---|---|
| ルアーロック型 | 18 |

## 著者略歴

**田村　純**（たむら・じゅん）

- 2005年 3 月　北海道大学獣医学部 卒業
- 2005年 4 月　ひょうたん山動物医療センター 勤務医
- 2008年 4 月　酪農学園大学附属動物病院研修医（腫瘍科，麻酔科）
- 2011年 4 月　酪農学園大学大学院獣医学専攻 博士課程
- 2015年 3 月　博士号取得
- 2016年 9 月　どうぶつの総合病院 麻酔科，ペインクリニック科 勤務医
- 2019年10月　北海道大学大学院獣医学研究院附属動物病院 特任助教（麻酔・集中治療）
- 2021年 4 月　北海道大学大学院獣医学研究院附属動物病院 准教授 麻酔科長（現職）
- 2023年 4 月　日本獣医麻酔外科学会 動物麻酔技能認定医（みなし認定医）

**長久保　大**（ながくぼ・だい）

- 2013年 3 月　麻布大学獣医学部獣医学科卒業
- 2017年 3 月　東京大学大学院農学生命科学研究科獣医学専攻博士課程終了 博士（獣医学）
- 2017年 5 月　東京大学大学院農学生命科学研究科附属動物医療センター 特任助教（現職）

療現場ですぐ役立つ！
# 犬と猫の輸液

2025年2月14日　第1刷発行

定価（本体9,000円＋税）

著　者　　田村　純 / 長久保　大
発行者　　山口勝士
発行所　　株式会社　学窓社
　　　　　〒113-0024　東京都文京区西片2-16-28
　　　　　TEL：03(3818)8701
　　　　　FAX：03(3818)8704
　　　　　e-mail：info@gakusosha.co.jp
　　　　　http://www.gakusosha.com
印刷所　　シナノパブリッシングプレス

本誌掲載の写真，図表，イラスト，記事の無断転載・複写（コピー）を禁じます。乱丁・落丁は，送料弊社負担にてお取替えいたします。

©Gakusosha co., Ltd., 2025, Printed in Japan
ISBN 978-4-87362-797-7

**JCOPY**　〈出版者著作権管理機構　委託出版物〉
本書（誌）の無断複製は著作権法上での例外を除き禁じられています。複製される場合は，そのつど事前に，出版者著作権管理機構（電話03-5244-5088，FAX 03-5244-5089，e-mail：info@jcopy.or.jp）の許諾を得てください。